国家出版基金项目

"十三五"国家重点图书出版规划项目

天工巧匠

中华传统工艺集成

冯立昇 董杰 主编

山东教育出版社·济南·

膏液天泽：传统油脂制作技艺北方撷影

李劲松 著

图书在版编目（CIP）数据

膏液天泽：传统油脂制作技艺北方撷影 / 李劲松著 . — 济南：山东教育出版社，2024.9

（天工巧匠：中华传统工艺集成 / 冯立昇，董杰主编）

ISBN 978-7-5701-2857-0

Ⅰ. ①膏… Ⅱ. ①李… Ⅲ. ①油脂制备－民间工艺－介绍－中国 Ⅳ. ①TQ644

中国国家版本馆 CIP 数据核字（2024）第 010851 号

TIANGONG QIAOJIANG——ZHONGHUA CHUANTONG GONGYI JICHENG

天工巧匠——中华传统工艺集成 **冯立昇 董杰 主编**

GAOYE TIANZE: CHUANTONG YOUZHIZHIZUO JIYI BEIFANG XIEYING

膏液天泽：传统油脂制作技艺北方撷影 李劲松 著

主管单位：山东出版传媒股份有限公司

出版发行：山东教育出版社

地 址：济南市市中区二环南路 2066 号 4 区 1 号 邮编：250003

电 话：0531-82092660 网址：www.sjs.com.cn

印 刷：山东黄氏印务有限公司

版 次：2024 年 9 月第 1 版

印 次：2024 年 9 月第 1 次印刷

开 本：710 毫米 × 1000 毫米 1/16

印 张：15.25

字 数：235 千

定 价：98.00 元

编委会

作者简介

李劲松，中国科学院自然科学史研究所高级工程师，中国科技史学会传统工艺研究会理事、副秘书长，少数民族科技史研究会理事。长期致力于传统工艺的调查研究。出版著作《中国百工》、《中国手工技艺》（大象出版社中文版，德国施普林格出版社英文版）、《黔桂衣食传统技艺研究与传承》、《中国传统工艺全集·农畜矿产品加工》、《天工开物：少儿彩绘版》（少儿万有经典文库）；发表论文《食用植物油传统制作技艺的历史回顾与现状》《蒸馏法制油技艺的考察研究》等。

总序

中华文明是世界上历史悠久且未曾中断的文明，这是中华民族能够屹立于世界民族之林且能够坚定文化自信的前提。中国是传统技艺大国，源远流长的传统工艺有着丰富的科技和人文内涵。古代的人工制品和物质文化遗产大多出自能工巧匠之手，是传统工艺的产物。中国工匠文化的传承发展，形成了独特的工匠精神，在中国历史长河中延绵不绝。可以说，中华传统工艺在赓续中华文脉和维护民族精神特质方面发挥了重要的作用。

传统工艺主要指手工业生产实践中蕴含的技术、工艺或技能，各种传统工艺与社会生产、人们的日常生活密切相关，并由群体或个体世代传承和发展。传统工艺的历史文化价值是不言而喻的。即使在当今社会和日常生活中，传统工艺仍被广泛应用，为民众所喜闻乐见，具有重要的现代价值，对维系中国的文化命脉和保存民族特质产生了不可替代的作用。

近几十年来，随着工业化和城镇化进程的不断加快，特别是受到经济全球化的影响，传统工艺及其文化受到了极大的冲击，其传承发展面临着严峻的挑战。而传统工艺一旦失传，往往会造成难以挽回的文化损失。因此，保护传承和振兴发展中华传统工艺是我们义不容辞的责任。

传统工艺是非物质文化遗产的重要组成部分。2003 年 10 月，联合国教科文组织通过《保护非物质文化遗产公约》，其中界定的“非物质文化遗产”中包括传统手工技艺。2004年，中国加入《保护非物质文化遗产公约》，传统工艺也成为我国非遗保护工作的一大要项。此后十多年，我国在政策方面，对传统工艺以抢救、保护为主。不让这些珍贵的文化遗产在工业化浪潮和城乡变迁中湮没失传非常重要。但从文化自觉和文明传承的高度看，仅仅开展保护工作是不够的，还应当重视传统工艺的振兴与发展。只有通过在实践中创新发展，传统工艺的延续、弘扬才能真正实现。

2015年，党的十八届五中全会决议提出“构建中华优秀传统文化传承体系，加强文化遗产保护，振兴传统工艺”的决策。2017年2月，中共中央办公厅、国务院办公厅印发了《关于实施中华优秀传统文化传承发展工程的意见》，明确提出了七大任务，其中的第三项是“保护传承文化遗产”，包括“实施传统工艺振兴计划”。2017年3月，国务院办公厅转发了文化部、工业和信息化部、财政部《中国传统工艺振兴计划》。这些重大决策和部署，彰显了国家层面对传统工艺振兴的重视。

《中国传统工艺振兴计划》的出台为传统工艺的发展带来了新的契机，近年来各级政府部门对传统工艺的保护和振兴更加重视，加大了支持力度，社会各界对传统工艺的关注明显上升。在此背景下，由内蒙古师范大学科学技术史研究院和中国科学技术史学会传统工艺研究会共同策划和组织了《天工巧匠——中华传统工艺集成》丛书的编撰工作，并得到了山东教育出版社和社会各界的大力支持，该丛书也先后被列为“十三五”国家重点图书出版规划项目和国家出版基金资助项目。

传统手工技艺具有鲜明的地域性，自然环境、人文环境、技术环境和习俗传统的不同，以及各民族长期以来交往交流交融，对传统工艺的形成和发展影响极大。不同地域和民族的传统工艺，其内容的丰富性和多样性，往往超出我们的想象。如何传承和发展富有地域特色的珍贵传统工艺，是振兴传统工艺的重要课题。长期以来，学界从行业、学科领域等多个角度开展传统工艺研究，取得了丰硕的成果，但目前对地域性和专题性的调查研究还相对薄弱，亟待加强。《天工巧匠——中华传统工艺集成》丛书旨在促进地域性和专题性的传统工艺调查研究的开展，进一步阐释其文化多样性和科技与文化的价值内涵。

《天工巧匠——中华传统工艺集成》首批出版 13 册，精选鄂温克族桦树皮制作技艺、赫哲族鱼皮制作技艺、回族雕刻技艺、蒙古族奶食制作技艺、内蒙古传统壁画制作技艺、蒙古族弓箭制作技艺、蒙古族马鞍制作技艺、蒙古族传统擀毡技艺、蒙古包营造技艺、北方传统油脂制作技艺、乌拉特银器制作技艺、勒勒车制作技艺、马头琴制作技艺等 13 项各民族代表性传统工艺，涉及我国民众的衣、食、住、行、用等各个领域，以图文并茂的方式展现每种工艺的历史脉络、文化内涵、工艺流程、特征价值等，深入探讨各项工艺的保护、传承与振兴路径及其在文旅融合、产业扶贫等方面的重要意义。需要说明的是，在一些书名中，我们将传统技艺与相应的少数民族名称相结合，并不意味着该项技艺是这个少数民族所独创或独有。我们知道，数千年来，中华大地上的各个民族都在交往交流交融中共同创造和运用着各种生产方式、生产工具和生产技术，形成了水乳交融的生活习俗，即便是具有鲜明民族特色的文化风情，也处处蕴含着中华民族共创共享的文化基因。因此，任何一门传统工艺都绝非某个民族所独创或独有，而是各民族的先辈们集体智慧的结晶。之所以有些传统工艺前要加上某个民族的名称，是想告诉人们，在该项技艺创造和传承的漫长历程中，该民族发挥了突出的作用，作出了重要的贡献。在每本著作的行文中，我们也能看到，作者都是在中华民族的大视域下来探讨某项传统工艺，而这些传统工艺也成为当地铸牢中华民族共同体意识的文化基石。

本套丛书重点关注了三个方面的内容：一是守护好各民族共有的精神家园，梳理代表性传统工艺的传承现状、基本特征和振兴方略，彰显民族文化自信。二是客观论述各民族在工艺文化方面的交往交流交融的事实，展现各民族在传统工艺传承、创新和发展方面的贡献。三是阐述传统工艺的现实意义和当代价值，探索传统工艺的数字化保护方法，对新时代民族传统工艺传承和振兴提出建设性意见。

中华文化博大精深，具有历史价值、文化价值、艺术价值、科技价值和现代价值的中华传统工艺项目也数不胜数。因此，我们所编撰的这套丛书并不仅限于首批出版的 13 册，后续还将在全国遴选保护完好、传承有序和振兴发展成效显著的传统工艺项目，并聘请行业内的资深学者撰写高质量著作，不断充实和完善《天工巧匠——中华传统工艺集成》，使其成为一套文化自信、底蕴厚重的珍品丛书，为促进传统工艺振兴发展和推进传统工艺学术研究尽绵薄之力。

冯立昇

2024 年 8 月 25 日

膏液[1]语境

——写在前面的话

[1] 取自宋应星《天工开物》"膏液"开篇之意。

古人最早将油脂称为脂、膏。"膏"在甲骨文中有多种写法，与现在的字形差别不大。2009年山东省枣庄市东周墓出土了一件铜鼎，谢明文从内壁铭文上释读出了"脂"字。这是目前已发表的金文中首次出现"脂"字，该鼎名为"宜脂鼎"。谢明文在其《新出宜脂鼎铭文小考》一文中认为，这只铜鼎应该是煎煮食物用的。

《论语·阳货》载："孝子之丧亲也，……服美不安，闻乐不乐，食旨不甘，此哀戚之情也。""旨"就是指含有"脂"(肉中的精华)的、被人们视为美味的食物。古人认为动物油有特殊的香味，是美味佳肴。

在"膏""脂"的区分上，古人将无角的动物，如猪、马的脂肪称作膏；将有角的动物，如牛、羊的脂肪称作脂。《大戴礼记·易本命》："无角者膏，而无前齿；有角者脂，而无后齿。"注曰："凝者为膏。无前齿者，齿盛于后，不用前也。释者为脂。齿盛于前，不任后也。"汉代以后，学者将处于凝固状态的脂肪称作膏，将由固态融化为液态的脂肪称作脂。从膏、脂所指的变化过程中可以看出，古人对脂的认识逐渐深化。还有学者考证，古书中一般把未经煎炼的称为脂，把经过煎炼的称为膏。由于煎炼过的动物油冷却后多呈糊状，因此后来膏也兼指糊状物质。[①] 古时人们在未明晰凝结和溶化的实质、不知其所以然的情况下，就把日常状态下油脂的融点认为是“脂”和“膏”的分野点。

① 参见何力编《考古学民族学的探索与实践》，四川大学出版社 2004 年版，第 241 页。

早期文献中的“油”字多形容自然图景或人物的精神状态，有兴盛之意。《孟子・梁惠王上》：“天油然作云，沛然下雨，则苗浡然兴之矣。”赵岐注：“油然，兴云之貌。”《晋书・阮种传》：“夫廉耻之于政，犹树艺之有丰壤，良岁之有膏泽，其生物必油然茂矣。”这里的“膏泽”指的是肥沃的土壤，“油然”则作盛兴貌。《礼记・乐记》：“君子曰：礼乐不可斯须去身。致乐以治心，则易直子谅之心油然生矣。”《庄子・知北游》：“惛然若亡而存，油然不形而神。”这里的“油然”是某种想法或感觉自然而然产生（潜意识自然产生想法或感觉）的过程。《孔子家语・五仪》：“孔子曰：‘所谓君子者，言必忠信而心不怨，仁义在身而色无伐，思虑通明而辞不专；笃行信道，自强不息，油然若将可越，而终不可及者，此则君子也。’”宋人苏洵《张益州画像记》：“惟尔张公，安坐于其旁，颜色不变，徐起而正之；既正，油然而退，无矜容。”这两处“油然”是指舒缓貌。上述所及的“油”字，都不是指油脂。《说文解字・水部》：“油水出武陵孱陵西，东南入江。从水，由声。”此处的“油水”也与油脂没有关系。汉代以前的“油”字并不直接表示“油脂”的意思，想来“油”在古代极有可能是口语中对油脂的称谓，但是文献中较少见到赋予其“油脂”含义的用法。

西汉时期，文献中的“油”字开始有了油脂的含义。西汉

《急就篇》卷三载："韀（音"色"）髹漆油黑苍。"此处的"油"字应该是指用来调和大漆的油，如荏油、大麻油等。东汉刘熙撰《释名》卷四："柰油，捣柰实和以涂缯上，燥而发之，形似油也。杏油亦如之。"据王先谦《释名疏证补》称，"柰油"应为"枣油"。当时的人们对柰、杏的果仁进行加工，并将其产物称为"柰油""杏油"。对此，有学者认为这种产物是果泥，而不是油脂。笔者做水煮法田野调查的时候发现，在制取杏仁油的过程中，杏仁被碾碎成酱（果泥）和油水共生（详见后文北京延庆、陕西岐山的烘焙法），因此，笔者认为"柰油"实应为"柰酱（果泥）"。据民国王文藻修，陆善格、朱显廷纂《民国锦县志略》卷十八记载："制枣油法：取红□枣入釜以水，仅淹平煮汤汉出，研细生布绞取汁，涂□上晒干，其形如油，每用一匙，投汤中即成美□。"由此可见，"柰"应是指枣仁油，而果泥是附带的产物。此条文献所描述的工序表明，在民国时，人们已经采用水煮法来制取枣仁油了，其环节精炼，出油率得以提高，油品质量得到保证。这两条文献所描述的流程，类似山东省诸城市凉台出土的汉代画像石所描绘的做酒场景，这也印证了笔者所见水煮法和烘焙法早期生产活动的存在。

葛洪《字苑》："油，连麻取脂也。"从"连麻取脂"来看，在"油"字通用之前，古人常用"脂"字代表植物得油。晋代，人们已经有意识地专门把植物油脂与动物脂肪相区别，并开始将"油"字作为植物油的专属称谓。至此，"油""膏""脂"有了明确的指向，渐与现代人对油、脂的概念相趋同。

对油脂的利用源于人类对油脂的认知，而传统的油脂加工技艺则发端于需求的基础之上。当人们认识到油脂的种种特性的时候，便开始探索获取和加工油脂的技法，发明相应的器具，进而形成了相应的技艺。在此方面，也充分体现了人与其他动物的本质区别——人能制造并使用工具！因此，要厘清我国油脂加工技艺的历史脉络，就要先了解先民不断深入的油脂认知过程。故笔者先与同道于故纸堆中逡巡，借助油脂在各个历史时期的利用方式以及相关的记述，推演传统油脂加工技艺的发展历程，进而描绘出它的历史映像；在此基础上，以近年田野调查活动所见为佐证，以求多重证据支撑，展示当下传统油脂加工技艺的文化图景。

目录

上篇

书海泛舟，故纸难掩油香隽永

上篇，笔者参阅前人文献，对油料作物、油品用途、加工技艺、生产器具等，以时间为主线逐一梳理，初步形成以油料作物的生长分布、生产器具的用料产地等为主要因素，影响我国南北传统手工做油技艺的整体印象。

第一章 林林总总话油脂

一、油脂的分类

我国有很长的用“油”的历史。最初，动物的脂肪是人们食用和其他日用用油的主要来源，而植物油在很早的时候则常被用作燃料。《黄帝内传》记载：“黄帝得河图书昼夜观之，乃令力牧采木实制造为油，以绵为心，夜则燃之读书，油自此始。”[①]这是我国植物油制取的最早记录。明代张岱所撰《夜航船》中有“神农作油”的记载，民间也有“神农作曲，轩辕灯，唐尧灯檠，成汤做蜡烛”的传说，而燃灯用的燃料、做烛用的原料，都源自植物油脂。由此可见，中国古人发现、加工和使用植物油脂的历史是十分久远的。

①（清）陈梦雷编纂：《古今图书集成·食货典》，巴蜀书社1986年版，第53页。

在我国古代，油料作物的使用非常广泛，主要用途有食用、作燃料、制漆、建筑和造船。人们对油的各种需求加速了制油技术的进步，至宋元两代，传统的加工技艺也趋于成熟，逐成独具特色的工艺体系。

根据来源，油脂主要分为植物油脂和动物油脂两大类。此外，应用化学方法加工制成的一些脂肪酸甘油酯，称为合成油脂。虽然同为油脂，但是其具体所含的脂肪酸等各有不同。例如，植物种子所榨的油（花生油、豆油、芝麻油等）里所含的不饱和脂肪酸，就要比动物油脂（猪油、牛油等）里的含量多许多。因此，人们根据油脂性质的不同，分别将其用于食品、肥皂、油漆、润滑剂、蜡烛及药品等不同物品的制造。

现代科学技术认为，含不饱和脂肪酸多的油脂在常温下为液态，含饱和脂肪酸多的油脂在常温下为固态。人们一般把常温下为液态的称为油，把固态或者半固态的称作脂。

（一）动物油脂

动物油脂包括牛脂、羊脂、猪脂、马脂、鱼油等。陆上动物的油脂主要来自它们的皮下脂肪组织、肌肉脂肪、附着于内脏器官的纯脂肪组织以及哺乳动物的乳汁内，还有少量骨油在骨髓中。鱼类的油脂大部分存在于肝脏内，如鱼肝油等，常温下为液态。海兽的油脂大部分存于皮下，在常温下也为液态。古代渔猎盛行，动物油脂在日常生活中的使用也较为广泛。

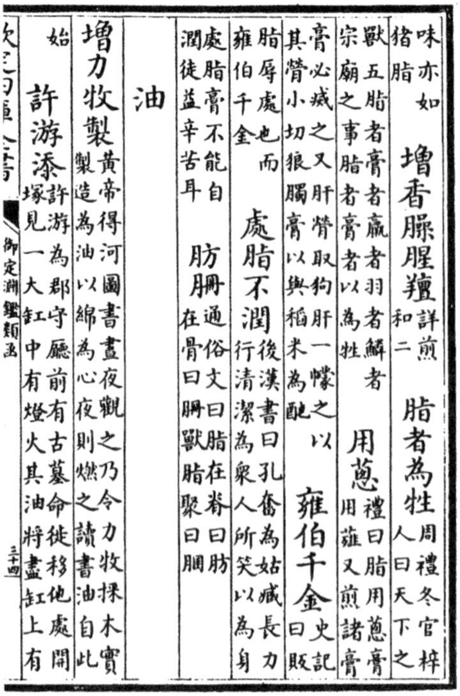

味亦如猪脂 增香臊腥羶 詳煎和二 脂者為牲 周禮冬官梓人曰天下之獸五脂者膏者羸者羽者鱗者宗廟之事脂者膏者以為牲 用蔥 禮曰脂用蔥膏用薤又煎諸膏膏必臧之又肝膋取狗肝一幪之以其膋小切狼臅膏以與稻米為酏 雍伯千金 史記曰販脂辱處也而雍伯千金 處脂不潤 後漢書曰孔奮為姑臧長力行清潔為衆人所笑以為身處脂膏不能自潤徒益辛苦耳 肪腁 通俗文曰脂在脊曰肪在骨曰腁獸脂聚曰䐗

油

增力牧製 黃帝得河圖書晝夜觀之乃令力牧採木實製造為油以綿為心夜則燃之讀書油自此始 許游添 許游為郡守廳前有古墓命徙移他處開塚見一大釭中有燈火其油將盡釭上有

欽定四庫全書 御定淵鑑類函 三十四

图 1-1 《四库全书》中关于“油”“脂”的记述

古人对动物体内不同部位的油脂也有专称，如《通俗文》将动物腰间的油脂称为肪，胃部的油脂称为脷，骨头中的油脂称为髓，腹部的脂肪称为胭等。

（二）植物油脂

常见的植物油脂包括菜籽油、芝麻油、花生油、蓖麻油、豆油、乌桕油、米糠油、棕榈油等。常温下，大部分植物油脂呈液态，少量植物油如可可脂、椰子脂等呈固态。植物油脂种类最多，产量最大。由于不饱和脂肪酸中的亚油酸、亚麻酸、花生四烯酸等人体自身不能合成，只能从动植物油脂中摄取，故它们被称为必需脂肪酸。油脂是人类必须摄入的能量物质，也是营养物质。由于生存的需要，人类必须想方设法从自然界获取动植物油脂。

本书重点记述传统植物油脂制取技艺，故笔者参考了历代关注植物油料研究的学者之成果，并做一陈述。

二、细数文献所载植物油料

（一）大麻子

大麻为桑科大麻属的普通大麻种，一年生草本植物。一般认为，大麻栽培起源于中国。人们主要是获取其中的纤维，但也将大麻子作为粮食列入“五谷”之属。古代文献中有“苴”[①]“蕡”“䕻”“萉”等字表示大麻子。“大麻”及“大麻子”的说法在文献中出现较晚，宋代开始多见。又因大麻通称为“枲”“麻”，所以大麻子又被称作“枲实”“麻子”。以大麻子取油的记载最早见于公元2世纪时的农书《四民月令》：“苴麻子黑，又实而重，捣治作烛。”[②]其记载了当时以大麻子取油作

① 大麻的雌株，开花后能结果实。

②（东汉）崔寔撰，缪启愉辑释：《四民月令辑释》，农业出版社1981年版，第25页。

照明燃料的情况。至于大麻子油的食用情况，则初见于6世纪的《齐民要术》，书中记载了食用大麻子的事情，并描述了大麻子"麻子脂膏，并有腥气"的口感，认为用大麻子制取的油脂，其食用品质不如芝麻油和荏油。所以人们一般很少食用大麻子油，以至于汉代董仲舒将《诗经》中的"麻"解释为芝麻，这一观点不但被一些经学家传承到清末，甚至个别农学家，如元代王桢在《王桢农书》中也将大麻子解释为白芝麻。随着纤维作物苎麻、棉花的推广，大麻的种植规模缩小；而油菜等油料兴起后，大麻子作为油料的地位进一步下降。到17世纪时，在南方地区，人们甚至认为大麻子不可食用，大麻子可以榨油更是很少有人了解。但北方部分地区仍以大麻子榨油，如清雍正十二年修《山西通志》卷四十七《物产》载："大麻色苍而圆，可榨油。"①

①（清）雍正十二年修《山西通志》，《钦定四库全书》，史部，《山西通志》卷四十七，第6b页。

（二）芝麻

芝麻为胡麻科胡麻属的栽培种之一，一年生草本植物。一般认为，芝麻栽培起源于非洲。浙江省湖州市吴兴区钱山漾古文化遗址中发现芝麻遗存后，有人据此认为芝麻原产于中国，但该观点争议较大。主流观点认为，芝麻在中国最早是由西汉张骞出使西域时从胡地大宛引种的，故芝麻有"胡麻"之称。笔者从此观点。此外，芝麻还有"狗虱""巨胜""藤弦"等称谓。"芝麻"一词在唐代已出现，其时《食疗本草》《四时纂要》等书称之为"油麻"或"白油麻"。宋代又出现"脂麻"的称谓，并在广泛的区域应用。郑樵《通志·昆虫草木略一·稻粱类》称："今之油麻也，亦曰脂麻。"②元代时，"脂麻"一词成为通用说法，多见于文献。关于芝麻的应用，汉晋时期多以之撒在烧饼上食用；到6世纪时，芝麻已逐渐成为主要油料。芝麻油的香气独特，深受人们喜爱。时至今日，芝麻仍用于食用植物油脂的制取，有

②（宋）郑樵撰：《通志》，《钦定四库全书》，史部，《通志》卷七十五，第41b页。

“麻油”“香油”之称。关于芝麻油的食用情况，《齐民要术》中有不少相关的记载。

（三）苏子

白苏，又名“荏”，也写作“稔”，在植物学上属唇形科紫苏属，一年生草本植物，茎秆、叶片均为绿色，籽实白色。紫苏，又名“赤苏”，是荏的一个变种，茎秆紫红，叶片面绿背紫或全紫红色，籽实黑色。白苏子、紫苏子原产于中国，习惯上统称为“苏子”，《中国植物志》亦将白苏和紫苏合并为一种，采用一个学名。公元1世纪以前的文献，如《礼记》《急就篇》《方言》等就已对苏子多有记载。至西汉晚期《氾胜之书》，已有用区种法栽培“荏”的技术的记载。荏是古代重要油料作物，荏油主要用于食用、照明，涂抹于布帛制作油布，以及润滑器物。紫苏之叶可作药用或调味，西南地区多用其染色，但其子亦可榨油。《齐民要术》记载了苏子油广泛的使用范围：“收子压取油，可以煮饼。荏油色绿可爱，其气香美，煮饼亚胡麻油，而胜麻子脂膏。麻子脂膏，并有腥气。然荏油不可为泽，焦人发。研为羹臛，美于麻子远矣。又可以为烛。良地十石，多种博谷则倍收，与诸田不同。为帛煎油弥佳。荏油性淳，涂帛胜麻油。”[①] 这里是说用苏子油来炸制煮饼虽然不如胡麻油，但是比大麻子油要好；而制作油布使用苏子油则比胡麻油效果更好。在后来油菜种植推广普及之前，苏子是仅次于芝麻的油料。

①（北朝）贾思勰撰，缪启愉、缪桂龙译注：《齐民要术译注》上，上海古籍出版社2021年版，第217页。

（四）红花籽

红花，又名“红蓝花”，一年生双子叶菊科植物。

至迟于6世纪时，红花在中国就已有了大田栽培，主要是采红花花蕊以提取染料，也作药用，或以红花籽作油料取油。《齐民要术》中有“一顷收子二百斛，与麻子同价，既任车脂，亦堪为烛，即是直头成米。二百石米，已当谷田”[①]的记载，说明当时即已用红花籽油作车轴的润滑油或照明燃料。关于红花籽油食用的记载，则见于9世纪时的农书《四时纂要》，书载：“其子可为油，极美。”[②]16世纪后，如《本草纲目》《野菜博录》只说“子可笮油用”，未详及具体用途。18世纪时，《三农纪》只言其“可笮油燃灯”，而未提及食用。由此可知，古代的红花籽只是因生产染料而附带榨取油脂，当时的红花，或不同于现代培育出的以食用为主的油用品种。

①（北朝）贾思勰撰，缪启愉、缪桂龙译注：《齐民要术译注》上，上海古籍出版社2021年版，第376页。

②此条不见于今存朝鲜抄本，引自（宋）吴怿撰《种艺必用》，农业出版社1963年版，第43页。

（五）蔓菁子

蔓菁，又名“芜菁”，为十字花科芸薹属植物。

蔓菁在中国的栽培历史悠久，先秦文献中即已有不少相关记载，但主要用途是采其叶或取其根作菜。以蔓菁子压油的记载初见于《齐民要术》：“一顷收子二百石，输与压油家，三量成米。”[③]可见在6世纪时，蔓菁子作为油料已经有很高的商品价值。到9世纪，《四时纂要》中说四月“收蔓菁子，压年支油”。可知，当时蔓菁子是相当重要的油料作物，所生产的油是供全年之用的“口粮”油。至18世纪时，仍有地区以蔓菁子取油。据清雍正十三年修《陕西通志·物产一·蔬属》转引《山阳县志》：“蔓菁，一名诸葛菜，即《诗经》‘葑’也，子取油亦曰菜油。”[④]

③（北朝）贾思勰撰，缪启愉、缪桂龙译注：《齐民要术译注》上，上海古籍出版社2021年版，第183页。

④（清）雍正十三年修《陕西通志》，《钦定四库全书》，史部，《陕西通志》卷四十三，第32b页。

（六）油菜籽

油菜是对十字花科芸薹属中种子用以榨油的若干种一年生或越年生草本植物的总称。我国古代的油菜主要有白菜型和芥菜型两大类型，每个类型下又各有不同的种。

白菜型油菜主要有两个种。一个是小油菜的原始科，一般称为“北方小油菜”，古代则多称之为“芸薹”“胡菜”或“寒菜”。芸薹子取油的记载初见于8世纪中期的《本草拾遗》：“子，压取油傅头，令头发长黑。”[①] 可见其油脂能用于护发养生美颜。另一个是普通白菜的油用变种，一般称为“南方油白菜”，古代多称为“菘菜”“油菜”。以菘菜子取油的相关文献记载可追溯到公元6世纪，宋代唐慎微《证类本草》记载：“陶（弘景）隐居云：菜中有菘，最为常食，性和利人，无余逆忤，今人多食。如似小冷，而又耐霜雪。其子可作油，敷头长发；涂刀剑，令不锈。其有数种，犹是一类，正论其美与不美尔。服药有甘草而食菘，即令病不除。唐本注云：菘菜不生北土，有人将子北种，初一年半为芜菁，二年菘种都绝，将芜菁子南种，亦二年都变。土地所宜，颇有此例。其子亦随色变，但粗细无异尔。菘子黑，蔓荆子紫赤，大小相似。唯芦菔子黄赤色，大数倍，复不圆也。”[②] 明代方以智所著《通雅·植物》亦载：“陶（弘景）隐居云菘子可作油，非油菜芸薹称菘乎。”[③] 这反映出陶弘景时油菜的品种分南、北两种，北方的油菜是芸薹，南方的油菜在北土种植极易发生变异；菘菜子油除食用外，还用于护发美容、铁器防锈等方面。

芥菜型油菜由芥菜培育演化而来。《齐民要术》中的芥酱法就是捣芥子作调料，10世纪时《本草和名》明确记载了芥子取油。

实际上，古代文献中的记述并不能准确区分油菜的不同种类，多是笼统地以“芸薹”或“油菜”来指称。至于“油菜”一词，大约出现在十二三世纪的南方地区，《务本新书》中即已有关于“油菜”的记载[④]。而“油菜”做油技艺承续至今，且应用范围极广。

①（唐）陈藏器撰，尚志钧辑释：《〈本草拾遗〉辑释》，安徽科学技术出版社2002年版，第452页。

②（宋）唐慎微撰，尚志钧等校点：《证类本草　重修政和经史证类备急本草》，华夏出版社1993年版，第611页。

③（明）方以智：《通雅》，《钦定四库全书》，子部，《通雅》卷四十四，第15a页。

④原书佚，引自（清）鄂尔泰、张廷玉等纂《授时通考》，《钦定四库全书》，子部，《授时通考》卷六，第9b页。

（七）大豆

大豆，在植物学上属豆科大豆属栽培种，一年生草本植物。

大豆栽培起源于中国，先秦文献中称之为“菽”“荏菽”或“戎菽”。“大豆”一名自汉代起乃多见于文献。1953 年于河南省洛阳市烧沟汉墓中出土的 2000 年前的陶仓上有用朱砂所写的“大豆万石”字样，可与文献相印证。

大豆历来是粮食作物，古代所谓“五谷”虽说法不一，但无论哪种说法，都从未将菽排除在外过，由此可见大豆在古代作物构成中作为主粮之重要。《氾胜之书》中提到“豆有膏”，据此可知在公元 1 世纪时人们即已认识到大豆的营养成分。但受加工技术所限，大豆榨油出现较晚。文献中有关豆油的记载始见于约 12 世纪时的《物类相感志》，其中一则为“豆油可和桐油作艌船灰”，这是豆油用于调制黏合漆的最早记载；另一则为“豆油煎豆腐，有味”，是关于豆油食用的最早记载。关于大豆榨油的详细技术情况，则晚至 17 世纪才见载于《天工开物》及《物理小识》。时至今日，大豆已经成为最主要的实用油料作物之一，近代工业技术出现的榨油机械，已经将这一油料的规模生产变为了现实。

（八）苍耳子

苍耳，一年生草本植物，又名“胡葈”。

7 世纪时的《新修本草》称其为“枲耳实”，其注文称“一名羊负来。昔中国无此，言从外国逐羊毛中来”。此后，它主要是作药用。12 世纪时，《鸡肋编》载：“油通四方，可食与然者，惟胡麻为上，俗呼脂麻……河东食大麻油……陕西又食杏仁、红蓝花子、蔓菁子油……山东亦以苍耳子作油。”[①] 可知，当时苍耳子为地方性的“小众”油料。明周王朱橚撰《救荒本草》中有：“苍耳：本草名葈耳，俗名道人头，又名喝起草，一名胡葈，

① （宋）庄绰撰：《鸡肋编》卷上，《丛书集成初编》，商务印书馆 1934—1935 年版，第 27 页。

一名地葵，一名葹，一名常思，一名羊负来，《诗》谓之卷耳，《尔雅》谓之苓耳。生安陆川谷及六安田野，今处处有之……其实味苦、甘，性温，叶味苦、辛，性微寒，有小毒。又云无毒。救饥：采嫩苗叶煠熟，换水浸去苦味，淘净，油盐调食。其子炒微黄，捣去皮，磨为面，作烧饼，蒸食亦可。或用子熬油点灯。"[①] 小小苍耳，用处多多。同时期，徐光启在《农政全书》中称当时北方用苍耳子油"作寒具"。可知，这一小众油料在北方一些地区还是有所利用的。

①（明）朱橚撰，王家葵等校注:《救荒本草校释与研究》，中医古籍出版社 2007 年版，第 170–171 页。

（九）棉籽

棉花，属于锦葵科棉属，一年生或多年生草本植物。

关于棉花栽培的明确文献记载，始见于公元前 1 世纪。我国古代主要的两个栽培种为亚洲棉和非洲棉，当时主要分布于西南、西北边疆地区。12 世纪后，逐步在全国得以推广种植。

关于棉籽榨油的文献记载，始见于 16 世纪初。据宋诩《竹屿山房杂部·树畜部·种花卉法》载："绵花，其子亦可榨油，为黏舟材。"[②] 而稍晚的方以智在《物理小识》中称："棉花……其子仁可榨油，为黏舟用。"[③] 可见，当时榨取棉籽油主要是用作手工造船的密封涂料。17 世纪中期的《天工开物》中，亦有关于棉籽榨油的记载。

②（明）宋诩撰:《竹屿山房杂部》,《钦定四库全书》，子部,《竹屿山房杂部》卷十，第 25b 页。

③(清）方以智撰:《物理小识》,《方以智全书》第 7 册，黄山书社 2019 年版，第 436 页。

18 世纪中期，时直隶总督方观承主持绘制了《棉花图》。《棉花图》描绘了植棉、纺织等场景，其中特别记录了棉籽榨油技术，并说明"棉之核压油可以照夜"。乾隆皇帝亲自为其题诗，并立碑于保定。

（十）蓖麻子

蓖麻，在植物学上属大戟科蓖麻属的普通蓖麻种，一年生或多年生草本植物。

蓖麻原产于非洲，大约南北朝时期传入中国。《唐本草注》记载："此人间所种者。叶似大麻叶而甚大。其子如蜱，音卑，又名萆麻子。"又说："今胡中来者，茎赤。树高丈余，子大如皂荚核，用之益良。"[①] 根据书中的描述，似在唐代初期又有蓖麻新品种引进。关于蓖麻油的文献记载，多见于16世纪，较早的《竹屿山房杂部》中就有以蓖麻油作印油的记载。稍后自16世纪中期至17世纪中期，《本草纲目》《群芳谱》《天工开物》等书都记载了水代法制取蓖麻油的技术，并在药用之外补充说明了作印色和油纸两项用途。

① 引自（宋）唐慎微撰，尚志钧等校点《证类本草　重修政和经史证类备急本草》，华夏出版社1993年版，第308页。

（十一）亚麻籽

亚麻，俗称"胡麻"，在植物学上属亚麻科亚麻属的普通亚麻种，一年生或多年生草本植物。

亚麻在我国的栽培始于何时尚无定论。据《本草纲目》记载，"亚麻"之名始见于11世纪初的《图经本草》，又写作"鸦麻"。《图经本草》《证类本草》等医家文献都是记述其药用价值，且文字基本一致，如《证类本草》："亚麻子，出兖州、威胜军。味甘，微温，无毒。苗、叶俱青，花白色。八月上旬采其实用。又名鸦麻，治大风疾。"[②]

16世纪，李时珍在《本草纲目》中云："今陕西人亦种之，即壁虱胡麻也。"并补充说明："其实亦可榨油点灯，气恶不堪食。"[③] 这则文献是目前最早的关于亚麻籽取油的可信记载。至18世纪初，清康熙年间增修的《广群芳谱》摘引此条补入。此后，雍正十三年修《陕西通志》又从《广群芳谱》转引，各地所修方志著录亚麻时亦多转引此文献。

② （宋）唐慎微撰，尚志钧等校点：《证类本草　重修政和经史证类备急本草》，华夏出版社1993年版，第645页。

③ （明）李时珍撰，王庆国主校：《本草纲目（金陵本）新校注》下，中国中医药出版社2013年版，第783页。

（十二）花生

花生，豆科落花生属，一年生草本植物。

花生原产于南美洲，16 世纪时已传入中国。此后，我国又多次引进了不同的品种。花生在初传入时，或是作为观赏花卉，或是作为菜果食用。以花生榨油的文献记载，出现在 17 世纪中期。方以智《物理小识·草木类·各种取油》载："番豆仁取油皆佳。"[①] 至 18 世纪中期，《三农纪》载："炒食可果，可榨油，油色黄浊，饼可肥田。"[②] 据此可知，花生除了作为人们日常食用的干果之外，已是重要油料。时至今日，花生已经成为食用植物油的主要原料之一。

①（清）方以智撰：《物理小识》，《方以智全书》第 7 册，黄山书社 2019 年版，第 444 页。

②（清）张宗法撰，邹介正等校释：《三农纪校释》，农业出版社 1989 年版，第 413 页。

（十三）其他小油料

在十七八世纪，主要油料（如芝麻、油菜等）的播种面积在扩大，同时也出现了多种小油料，17 世纪时主要是取一些传统作物的种子榨油，如《天工开物》中有用莱菔子和苋菜子取油的记载，《群芳谱》亦载："擘蓝：苗叶根心俱堪为蔬，四时皆可食，子可压油。"[③]《农政全书》亦载："芥蓝……北人谓之擘蓝……子可压油。"[④] 方以智在《物理小识·草木类·各种取油》中记载了罂粟子油。至 18 世纪，用辣椒子、烟草子等榨油的方法零星见载于方志。稍晚，又有八角蒸馏做茴油大量出口的记载（详见后文蒸馏法）。

③（明）王象晋辑纂，伊钦恒诠释：《群芳谱诠释（增补订正）》，农业出版社 1985 年版，第 300 页。

④（明）徐光启撰：《农政全书》下，岳麓书社 2002 年版，第 649 页。

三、我国古代油料作物的发展演变

我国古代油料作物的演变是一个漫长而复杂的过程。从最早的动物脂肪，到植物油的发现和利用，再到各种油料作物的种植和普及，经历了多个阶段。在众多油料作物中，起源于我国的有苏子、油桐、大麻以及大豆。生长在我国的油料作物的种类很多，在当今的芝麻、油菜、大豆、花生四种主要油料作物中，只有大豆源于中国本土，其余均为域外传入的油料作物，它们分别成为不同时代油料作物的核心，各领风骚一时间，芝麻在西汉至元代这一千多年里拥有绝对优势，油菜在元代以后地位逐渐提升，大豆、花生在油料作物中取得主角地位则在19世纪晚期至20世纪初期。

韩茂莉先生在《历史时期油料作物的传播与嬗替》一文中详细记述了有关我国早期油料原产地分布以及演变历程，文中观点在学界得到普遍认同，故引述其中主要论点，加上笔者对明清时期相关史料的汇总分析，以方便读者理解物候环境变化和生产技术不同特质形成间的关联。

（一）芝麻——从无到有，由北及南推广，渐成主流油料

在秦代以前，古人获取食用油脂的来源主要是动物油。在芝麻传入中国之前，植物油主要来自大麻和荏子。虽然大麻和荏子出自中国本土，但各地接受程度不一样，加之出油量低，始终没有成为食用油的主流油料作物。这种情况直到张骞出使西域带回芝麻后，才发生改变。

芝麻的传入，使我国油料作物的发展进入一个新阶段。芝麻在西汉时期传入我国，文献中多将其传入归功于张骞通西域所建立起的丝绸之路。至迟到西晋，芝麻油已经被比较普遍地应用在食物烹饪中。芝麻能成为主要的食用油料，究其原因，除芝麻油清香味美之外，关键还在于芝麻的出油率高。《鸡肋编》中讲到芝麻，说："言其性有八拗，谓雨旸时薄收，大旱方大熟，开花向下，结子向上，炒焦压榨才能生油，膏车则滑，钻针乃涩也。"[①] 其中"炒焦压榨"说明至少当时庄绰所见的还是用压榨法加工制作芝麻油，且在压油之前是油料炒制环节，由此可看出

①（宋）庄绰撰：《鸡肋编》卷上，《丛书集成初编》，商务印书馆1934—1935年版，第27页。

贯穿始终的中国植物油脂压榨技艺的热榨传统。

清人方中履在为其父方以智所著《物理小识》作注时曾提到："菜子干二石榨油八十斤。芝麻二石可百二十斤。白麻不能也。黄豆润者一石取十八斤。柞木压之可二十二斤。"[①] 在方中履提到的这几种油料中，芝麻的出油率远远高于其他几种。且在这段文字中还涉及了几种不同的油料加工方式：菜籽油的压榨法（楔榨），芝麻、黄豆的压榨（"柞木压之"——梁式或类似酒榨的箱杠式油榨）。但此处应该没有涉及磨法。

① （清）方以智撰，陈文涛笺证：《方以智物理小识》，福州文明书局1936年版，第126页。

芝麻传入中国之后，其地理分布也随时代变迁发生了变化。芝麻传入伊始，便凭借其所出油品清香且出油率高的优势，迅速扩大种植范围，逐渐形成南方、北方各地广为种植的局面。成书于南朝梁的《荆楚岁时记》记载："今南人作咸菹，以糯米熬捣为末，并研胡麻汁和酿之，石窖令熟。菹既甜脆，汁亦酸美。"[②] 这则文献很有意思，"胡麻汁"应该是胡麻酱和胡麻油的混合物，在这里作凉拌菜的调料，是研磨制取的，还经过了米曲的发酵。

② （南朝）宗懔撰，谭麟译注：《荆楚岁时记译注》，湖北人民出版社1985年版，第130页。

芝麻传入我国之后，逐渐成为植物油中的主流油料作物，其分布遍布南北方，但由于中国地理环境复杂多样，众多作物不仅在用途上具有多样性，在地理分布上也表现出地方性。在众多油料作物之中，走出地方、呈南北兼行之势，且兼具食用与照明功能的，唯有芝麻。在元代越冬型油用油菜传入我国之前，芝麻在我国拥有超越所有油料作物的地位。

（二）油用油菜——后发优势，南方普及

元明时期，随着经济和文化的发展，中国的油料作物种类和种植面积都有了很大的扩展。在元代，芝麻、油菜、花生等油料作物已经成为主要的油料来源，其中油菜的种植面积和产量逐渐

增加，特别是能够越冬生长的油用型油菜的传入，极大地丰富了植物油的种类构成。

油菜分为菜用油菜与油用油菜两种类型，油用油菜传入我国的时间晚于芝麻，大约在东汉年间传入[①]。元代贾铭《饮食须知》首次明确提到食用菜籽油："豆油，味辛甘，性冷，微毒。多食困脾，发冷疾，滑骨髓。菜油功用相同。麻油，味甘辛，性冷。"[②]这种油用油菜传入我国近千年后才开始食用，有关这一历史现象，《齐民要术》中有如此解释："种芥子，及蜀芥、芸薹收子者，皆二三月好雨泽时种。旱则畦种水浇。五月熟而收子。"可以看出，这一时期油菜"物性不耐寒，经冬则死，故须春种"；虽然"芸薹冬天草覆，亦得取子"，但这种种植措施对于小面积的园圃种植还可以实施，而大面积种植效果就不理想了。[③]

苏联著名遗传学家瓦维洛夫指出，油菜中的冬油菜起源地在地中海沿岸[④]，由于地中海夏干型的气候特征，起源于这里的作物多数将生长期放在冬半年，即属于秋播夏收型。到元代时，由于蒙古人的西征，中西之间的交流更加频繁，原产于地中海地区的越冬型油菜应是在这样的背景下被带入我国。

越冬型油菜传入我国，凭借秋种夏收的生长期，为两年三熟与一年两熟地区提供了便利的轮作条件，这一切都成为传播与扩展的优势。凭借着秋种夏收的土地利用特点，油菜成功地立足于长江流域一年两熟地区，并在种植空间扩展中"登堂入室"成为主流油料作物。

① 参见李长年主编《中国农学遗产选集·油料作物》，农业出版社1960年版，第84—85页。
② （元）贾铭撰，陶文台注释：《饮食须知》，中国商业出版社1985年版，第45页。
③ （北魏）贾思勰撰，缪启愉、缪桂龙译注：《齐民要术译注》上，上海古籍出版社2021年版，第205页。
④ 参见［苏联］H.M.瓦维洛夫著《主要栽培作物的世界起源中心》，农业出版社1982年版，第55页。

（三）油用亚麻——偏安一隅，发展缓慢

亚麻分为纤维型、油用型以及半纤维半油用型三种类型。油用亚麻是一种古老的油料作物，其传入我国的时间大约在汉代，

当时张骞出使西域，经丝绸之路，将油用亚麻传入我国。由于亚麻、芝麻都曾被古人称为胡麻，因此在认识上还曾造成过混乱。亚麻籽油何时成为食物用油，目前尚不确定，从传世文献分析，油用亚麻应是在元代进入食物植物油料的行列。其功能在于取亚麻籽榨油。亚麻属于喜凉爽湿润气候、耐寒忌高温的植物，传入我国后主要分布在西北一带气候凉爽的地区。明代周祈《名义考·物部》记载："今脂麻南北皆有，胡麻惟陕西近边一带有之。"[1] 元代西北地区以游牧为主，油用亚麻的种植时间较晚，间或零星，均为野生。直到目前，这种状况依然普遍，仅有少数地区有人工种植油用亚麻的情况。比较同一时期引入中国的油用油菜与油用亚麻，油用油菜的环境适应力使之很快成为主流油料，在油料方面的贡献远胜于油用亚麻。

①（明）周祈撰：《名义考》，《钦定四库全书》，子部，《名义考》卷九，第20b页。

（四）大豆、花生——后来居上，渐成主流

大豆是大籽粒果实的油料作物，源于我国本土。豆类作物都含有一定的油脂，其中大豆尤其突出，但很长时间里，豆类基本属于粮食作物，利用大豆榨油的记载出现较晚。究其原因，一是大豆油的油品带有豆腥味，二是早期的加工工艺落后，大豆的加工功效较低。大豆真正进入油料作物的行列，在晚清时期。

与大豆一样，同属于大籽粒且硬质果实的花生传入我国后也面临着同样的情况。花生原产南美洲，大约在明代后期传入我国。其广泛应用于食用油加工也在晚清时期。

大豆、花生等大籽粒硬质果实到了晚清才显示出油料作物的真正价值，原因在于电力带动的榨油机器的引进。榨油机不仅改变了大豆、花生等的出油率，还提升了两种作物的种植面积，经过环境与社会的选择，这两种油料作物逐渐表现出以北方为主的分布特点。同属于油料作物，大豆、花生在北方各省扩大种植面

积，芝麻则由于亩产量的差异而被大豆、花生替代。且随着花生、大豆地位的提升，芝麻的种植面积不断缩小，不但失去了原来在北方地区具有的优势地位，而且导致全国油料作物出现新的地理分布格局。

西汉中期以来，陆上、海上两条通道先后将芝麻、油用油菜、花生等域外油料作物传入我国。依托我国的地理环境与社会基础，油料作物先后以芝麻、油用油菜以及大豆、花生为中心构成三个发展阶段。到20世纪，就全国而言，大豆、花生、芝麻、油菜已经成为主要油料作物，其他油料作物如亚麻、油茶、大麻、棉籽、苏子、蓖麻、向日葵以及油桐、乌柏等仅属于地方物产。

（五）《天工开物》的总结

明人宋应星《天工开物·膏液》载：

> 凡油供馔食用者，胡麻（一名脂麻）、莱菔子、黄豆、菘菜子（一名白菜）为上。苏麻（形似紫苏，粒大于胡麻）、芸薹子（江南名菜子）次之，樣子（其树高丈余，子如金罂子，去肉取仁）次之，苋菜子次之，大麻仁（粒如胡荽子，剥取其皮为索用者）为下。
>
> 燃灯则柏仁内水油为上，芸薹次之，亚麻子（陕西所种，俗名壁虱脂麻，气恶不堪食）次之，棉花子次之，胡麻次之（燃灯最易竭），桐油与柏混油为下（桐油毒气熏人，柏油连皮膜则冻结不清）。造烛则柏皮油为上，蓖麻子次之，柏混油每斤入白蜡冻结次之，白蜡结冻诸清油又次之，樟树子油又次之（其光不减，但有避香气者），冬青子油又次之（韶郡专用，嫌其油少，故列次）。北土广用牛油，则为下矣。①

①（明）宋应星撰，潘吉星译注：《天工开物译注》，上海古籍出版社2016年版，第76–77页。

从这段文献中大致可以看出，在主流油料作物中，油用油菜广泛种植于南方，油用亚麻则是北方地区的油料作物——早期以野生为主，人工种植并不普遍；至于其他小众油料作物，则多分布在南方地区。

在《天工开物·油品》[①]一节，宋应星介绍了油料的品种、用途及其优劣。他还列出了多种油料的含油率，见下表：

①（明）宋应星撰，潘吉星译注:《天工开物译注》，上海古籍出版社2016年版，第76-78页。

表1-1 食用油

	油料名称	现名（亦名）	补注
上品	胡麻油	芝麻油、香油	
	莱菔子油	萝卜子油	
	黄豆油	豆油	
	松菜子油	菜（白菜型）籽油	
中品	苏麻油		形似紫苏，粒子大于胡麻籽
	芸薹子油	菜（油菜）籽油	
	茶子油	山茶油	其树高丈余，子如金罂子，去肉取仁
下品	苋菜子油		
	大麻仁油		种子像胡荽子，皮可搓麻绳

表1-2 燃灯油

	油料名称	现名（亦名）	补注
上品	桕仁内水油		
中品	芸薹子油	菜（油菜）籽油	
	亚麻子油		陕西所种，俗名壁虱脂麻，气恶不堪食
	棉籽油		

续表

	油料名称	现名（亦名）	补注
中品	胡麻油		点灯时耗油量大
下品	桐子油	桐油	毒气熏人
	柏混油		有皮膜，使用不便

表 1–3 造烛之油

油料名称	补注
柏皮油	
蓖麻子油	
柏混油 + 白蜡	
各种清油 + 白蜡	
樟树子油	点灯时光度不弱，但有人不喜欢它的香气
冬青子油	韶关地区才用，含油量低
牛油	

表 1–4 油料的含油率

油料名称	现名	《天工开物》记载的出油率（斤）	当代的出油率（%）	补注
胡麻油	香油、芝麻油	40	黄芝麻：56.75 白芝麻：52.75 黑芝麻：51.40	属不干性油
蓖麻子油		40	55	属不干性油
樟树子油		40	65.39	

续表

油料名称	现名	《天工开物》记载的出油率（斤）	当代的出油率（%）	补注
莱菔子油	萝卜子油	27	42	甘美异常，益人五脏，属干性油。
芸薹子油	菜（油菜）油	30	39.9 ~ 42	如果除草勤，土壤肥，榨法又好，每石可榨40斤。若放置一年，就空而无油
茶子油	山茶油	15	30.1	油味像猪油一样好，但是枯饼只能用来引火或毒鱼
桐子油	桐油	33	51.6	
柏子油		皮油：20 子油：15		皮、子混榨得柏混油33斤（皮、子都必须干净）
冬青子油		12	20.7	属不干性油
黄豆油	豆油	9		江浙一带的豆油供食用，豆枯饼为猪饲料
松菜子	菜（大白菜）油	30	36.6	油出清如绿水
棉籽油		7	14 ~ 25	刚榨出的油很黑浊，放置半个月就清了
苋菜子油		30	7	味甘可口，但显冷滑
亚麻油		20余	44	
大麻仁油	俗称火麻	20余	30 ~ 35	

注：《天工开物》中标注的“含油率”是按明代每石油料压榨所得几斤油来记，当代的出油率是近人测算，是近似值。

四、油脂的应用

伴随着人类对油脂属性的认知程度的不断深入，油脂的应用渗透到社会生活的许多方面，民众的衣食住行都离不开油脂。

（一）食品加工

“民以食为天”，中国人在饮食方面自古就十分讲究。在食品加工史上，油脂更是不可或缺的存在。油脂在食品加工中的主要作用可以总结为以下几点：第一，提高食物的柔滑性，赋予食物特殊的香味，使得经油脂加工的食物口感宜人；第二，通过煎炸，使食物变得酥脆爽口，丰富了食品加工手段；第三，烹制过程中食材在油浴中受热均匀，而且温度也明显高于水浴的蒸煮（油浴可达280℃左右，蒸煮在常压下也就是100℃），便于加工。

周代贵族的饮食所用油脂较多，据《周礼·天官·庖人》记载：“凡用禽献：春行羔豚，膳膏香；夏行腒鱐，膳膏臊；秋行犊麛，膳膏腥；冬行鲜羽，膳膏膻。用禽献，谓煎和之以献王也。”[①] 庖人掌管天子饮食，献给君王的食物是非常精致的——都是用春夏秋冬最应季的动物肉进行烹饪，如春天用小羊和小猪，夏天用干野鸡和干鱼，秋天用牛犊和幼鹿，冬天用鲜鱼和雁。但是这些肉所得四时之气很旺盛，人直接食用对身体并不好，所以要选用能够压制肉类所属四时之气的动物油脂与其煎和，以达到五行调和之目的。古代社会流行的五行思想影响深远，在烹饪肉类用油时，古人也根据五行相克的原则，制定了相应的规范。

《礼记·内则》中还记载了周代的“八珍”，“八珍”分别为淳熬、淳母、炮豚、炮牂、捣珍、渍、熬和肝膋[②]。淳熬（肉酱油浇饭）、淳母（肉酱油浇黄米饭）、炮豚（煨烤炸炖乳猪）、

①（汉）郑玄注，（唐）陆德明音义，贾公彦疏：《周礼注疏》，《钦定四库全书》，经部，《周礼注疏》卷四，第12b-13a页。

② 参见邢湘臣《“八珍”浅释》，载《文史知识》1994年第7期。

炮牂（煨烤炸炖羔羊）、捣珍（烧牛、羊、鹿里脊）、渍（酒糖牛羊肉）、熬（烘制的肉脯百）和肝膋（以网油蒙于肝上，烤炙而成）实质上是当时的八种烹饪技法，其中六种都用到了油脂。另据《礼记·内则》载："脂用葱，膏用薤。"[①] 这里是说调和脂需要用葱，调和膏需要用薤。另有："取稻米，举糔溲之，小切狼臅膏，以与稻米为酏。"[②] 这里是说将稻米与狼的脂肪混合，煮成稀粥。油脂作为调味料，可以改善口感，使食物变得润滑、醇香。同时，动物油脂具有一定的耐热性（油脂层覆盖汤汁，使加工的食物保持在高温环境下），适合油炸、爆炒、烧烤、较长时间油煎。《礼记·内则》中记载的烹饪方法有炮、烧烤、煎、煮等，这些烹饪方法都离不开油脂。《礼记》记载的食品工艺属于贵族的食物加工技术，食材选用精细、考究，烹制工艺复杂，反映出当时食品加工的最高水平。

湖南省长沙市马王堆汉墓一号墓出土的竹简中记载了一些随葬的食物，不仅有许多肉类，还有动物油脂。其所记载的烹饪方法中，炙、煎、濡等都需用到油脂。

居延汉简中还有动物油脂作为商品单独售卖的记载："出钱百七十，买脂十斤……二月壬寅，买脂五十斤，斤八十……脂六十三斤直三百七十八……"[③] 汉代居延地区油脂的售价很高，平均每斤油脂价格为 16 ~ 18 钱，比肉还贵。

在汉代，面饼类食物深受大众喜爱，其制作过程也离不开油脂。汉代面饼的制作方法多种多样，《释名·释饮食》载："饼，并也。溲面使合并也。胡饼，作之大漫冱也，亦言以胡麻著上也。蒸饼、汤饼、蝎饼、髓饼、金饼、索饼之属皆随形而名之也。"[④]《齐民要术》则记载了北魏时期的两种高档饼食，即烧饼、髓饼的做法。其中做"烧饼"以"面一斗。羊肉二斤，葱白一合，豉汁及盐，熬令熟。炙之。面当令起"；做"髓饼"以"髓

①（汉）郑玄注，（唐）陆德明音义，孔颖达疏：《礼记注疏》，《钦定四库全书》，经部，《礼记注疏》卷二十八，第 1a 页。

②（汉）郑玄注，（唐）陆德明音义，孔颖达疏：《礼记注疏》，《钦定四库全书》，经部，《礼记注疏》卷二十八，第 12b 页。

③ 谢桂华、李均明、朱国炤著：《居延汉简释文合校》，文物出版社 1987 年版，第 222、391、483 页。

④（东汉）刘熙撰：《释名》，《钦定四库全书》，经部，《释名》卷四，第 7a 页。

脂、蜜，合和面。厚四五分，广六七寸。便着胡饼炉中，令熟。勿令反覆。饼肥美，可经久”。[①]《齐民要术》记载的烧饼和今天的肉馕很相近，而髓饼的制作则使用了动物油脂。

2020年，中国科学院大学考古学与人类学系和新疆文物考古研究所等科研院所联合公布的和田比孜里墓地出土食物遗存的最新科研成果显示，当时人们食用的“干粮”，是用黍面、大麦面和少许肉类混合后烤制的面饼，其制作工艺与《齐民要术》所载“烧饼”的制作工艺相仿，也与新疆肉馕的制作工艺相近。[②]据悉，这是新疆考古团队首次在汉晋时期的墓地中发现添加肉食的烤制面饼。该墓地位于和田地区洛浦县山普拉乡比孜里村东南方向的戈壁滩上，属于山普拉古墓群。汉晋时期，这里是丝绸之路南道的一个重镇。

植物油的食用在魏晋南北朝时期应该比较普遍了。据《齐民要术》记载，北魏时已把芝麻油、荏子油和麻子油用于烹调。书中讲到了诸种烹调方法、菜谱及用料，其中就有麻油、荏油等植物油以及猪、羊、牛等动物油。在当时食用的植物油中，以芝麻油最好。植物油中的芸薹子油（今菜子油）可能也已食用。

到了宋代，植物油的食用更加普遍，油类品种也有所增加。沈括在《梦溪笔谈》里记载：“今之北方人喜用麻油煎物，不问何物皆用油煎。”[③]当时北方用芝麻油煎炸食物是十分普遍的，而且乐此不疲，宋代的许多笔记中都记录有“油饼”“油炸夹儿”“油炸春鱼”等小吃。我国的传统小吃油条，据传是南宋绍兴年间，秦桧陷害岳飞，老百姓为了表示对奸臣的憎恨，把秦桧和其妻王氏的样子捏制到面饼上，并把两块样子不同的面饼背靠背粘在一起放入锅里油炸，这道食品时称“油炸桧”，后来才更名为油条。

①（北朝）贾思勰撰，缪启愉、缪桂龙译注：《齐民要术译注》下，上海古籍出版社2021年版，第657页。

②参见肖琪琪、胡兴军、阿里甫等《新疆洛浦县比孜里墓地出土食物遗存的科技分析》，载《第四纪研究》2020年第2期，第441–449页。

③（宋）沈括撰，侯真平校点：《梦溪笔谈》，岳麓书社2002年版，第178页。

汉民族食用油脂的饮食习惯对周边民族影响较大，用食用油脂加工后的食品也备受人们喜爱。宋朝重文轻武，兵力积弱，每年不得不向辽、西夏以及后来的金进贡岁赋以维持和平。据《宋史·食货志》记载："宋制岁赋，其类有五……物产之品六：五曰果、药、油、纸、薪、炭、漆、蜡。"[①] 在给周边的民族政权进贡的物产里就有油。

南宋时，曾出使金国的洪皓记录了这么一件事：金国接待宋朝使团时，在生活待遇方面实行分级供应，酒、肉、面、米每人都有，但是油却只有副使以上级别的人员才能得到供给。《松漠纪闻》续卷载："虏之待中朝使者、使副，日给细酒二十量罐，羊肉八斤，果子钱五百，杂使钱五百，白面三斤，油半斤，醋二斤，盐半斤，粉一斤，细白米三升，面酱半斤，大柴三束；上节细酒六量罐，羊肉五斤，面三斤，杂使钱二百，白米二斤；中节常供酒五量罐，羊肉三斤，面二斤，杂使钱一百，白米一升半；下节常供酒三量罐，羊肉二斤，面一斤，杂使钱一百，白米一升半。"[②] 从这里的待遇区别可以看出，油脂已经成为相当重要的食物了，但是当时的金人对于加工生产食用油显然不在行，保有量而不足以"敞开供应"。

①（元）脱脱等撰：《宋史》卷一七四《食货志》，中华书局1977年版，第4 202–4 203页。

②（宋）洪皓撰，金毓绂辑：《松漠纪闻》卷下，《辽海丛书》第1集。

（二）作燃料、照明

动物油脂在早期祭祀时被当作燃料。《诗经·生民》记载："诞我祀如何？或舂或揄，或簸或蹂。释之叟叟，烝之浮浮。载谋载惟，取萧祭脂。取羝以軷，载燔载烈，以兴嗣岁。"[③]《汉书·礼乐志》记载："练时日，侯有望，爇膋萧，延四方……盛胜实俎进闻膏，神奄留，临须摇。"[④] 当时燃烧的"萧"指香蒿，即今天的艾草，"脂""膋"应指牛的肠间脂肪。周人祭祀的时候，将牛油混合黍稷与艾草一起点燃，使其香气达到他们认为的

③程俊英、蒋见元著：《诗经注析》，中华书局1991年版，第806页。

④（汉）班固等撰：《汉书》卷二十二《礼乐志》，中华书局1962年版，第1 052页。

神明所在之处。此外，汉代郊祀也沿袭了这一传统。

《史记·田单列传》记载，齐国田单为了抗击入侵的燕国大军，恢复已沦陷大半的齐国，研制出火牛阵，他命令士兵将芦苇灌上油脂绑在牛尾巴上带到军阵前，点燃芦苇，牛群受惊向前猛冲，一举击溃了燕国军队的防线："田单乃收城中得千余牛……而灌脂束苇于尾，烧其端……牛尾热，怒而奔燕军，燕军夜大惊。牛尾炬火光明炫耀，燕军视之皆龙文，所触尽死伤。"[①] 这是史书上较早的关于火攻的记载。古人为了增大火势，经常将脂肪与草木等燃料混合起来燃烧。

《史记·秦始皇本纪》描述秦始皇陵墓内情况时提到了照明用的人鱼膏。关于人鱼，历来众说纷纭，有说是娃娃鱼的，也有说是雌性鲸鱼的[②]，但鱼膏取自一种水生生物应当是无误的。其实，早在商周时期，人们就已经将动物油制成脂烛使用。《论衡·幸偶篇》载："俱之火也，或烁脂烛，或燔枯草。"[③] 又有："兵到牧野，晨举脂烛。"[④]

汉代之前，脂烛、门燎的制作方法均未见有详细记载，汉代郑玄注《周礼·天官·阍人》曰："大祭祀、丧纪之事，设门燎。"唐代贾公彦释曰："'燎，地烛也'者，烛在地曰燎……所作之状，盖百根苇皆以布缠之，以蜜涂其上，若今蜡烛矣。"[⑤] 据此可以得知，脂烛应该也是将多根苇秆用布缠紧后，灌上油脂制作而成的。人们点燃脂烛用于夜间读书或者生活照明，这极大地丰富了夜间生活。据《东观汉记·和熹邓皇后传》载："后重违母意，昼则缝纫，夜私买脂烛读经传。"[⑥] 又有："弟奇在洛阳为诸生，分俸禄以供给其粮用，四时送衣，下至脂烛。每有所食甘美，辄分减以遗奇。"[⑦]

此外，古人还在灯具中添加油脂，以点燃灯芯照明。《太平御览》引三国时期吴国秦菁所撰《秦子》称："智惠多则引血

①（汉）司马迁撰：《史记》卷八十二《田单列传》，中华书局1959年版，第2 455页。

② 参见岳南编《复活的军团：秦始皇陵兵马俑发现记》，商务印书馆2012年版，第312–313页。

③ 黄晖撰：《论衡校释》，中华书局1990年版，第42页。

④ 黄晖撰：《论衡校释》，中华书局1990年版，第344页。

⑤（汉）郑玄注，（唐）陆德明音义，贾公彦疏：《周礼注疏》，《钦定四库全书》，经部，《周礼注疏》卷七，第31b–32a页。

⑥（东汉）刘珍等撰，吴树平校注：《东观汉记》，中华书局2008年版，第204页。

⑦（东汉）刘珍等撰，吴树平校注：《东观汉记》，中华书局2008年版，第585页。

气，如灯火消暗。膏炷大而朗朗，则膏消。炷小而暗暗，则息膏至久也。”[①]燃灯时，如果灯炷偏大，光照就亮，而灯油也消耗得快；如果灯炷偏小，光照就暗，而灯油也燃烧得更长久。汉代的人们在生活实践中对于脂烛、油灯的制作的认识，包括工艺要求，诸如灯油多少、灯炷大小与灯光明暗之间的联系等等，都表现出一定的水平。

动物油脂燃烧有时会产生烟灰，污染环境，汉代的工匠在制造灯具时就注意到了这一问题。山西省朔州市秦汉墓出土了一件雁鱼灯，全系铜铸，整体作鸿雁回首衔鱼伫立状。雁鱼灯由雁首颈（连鱼）、雁体、灯盘、灯罩四部分套合而成，四部分可自由拆装，方便擦洗。灯火点燃时，烟灰会通过鱼和雁颈被导入雁体空腔内，这就减少了油烟对室内空气的污染。[②]在考古发掘中，这类灯具也十分丰富，最为著名的当属河北省保定市满城汉墓出土的长信宫灯（图1–2）[③]，其除油烟的功能与雁鱼灯相仿，只是烟灰导入的是举灯侍者的腹中，它充分表现了古人利用油脂过程中在消除负效应方面所展现出的聪明才智。

①（三国）秦菁撰：《秦子》，《太平御览》卷八七〇《火部三》，中华书局1960年版，第3856页。

② 参见雷云贵《西汉雁鱼灯》，载《文物》1987年第6期，第69、70、97页。

③ 参见中国社会科学院考古研究所、河北省文物管理处编《满城汉墓发掘报告》，文物出版社1980年版，第259–261页。

图1–2　长信宫灯（西汉　河北博物院）

汉代时，人们已经采用舂捣的方法捣压植物的子实制取油脂，用来作烛照明。西汉晚期的《氾胜之书》记载了种瓠法："其中白肤，以养猪致肥；其瓣，以作烛致明……肥猪、明烛，利在其外。"[①] 但是，书中并没有说明将葫芦籽加工成烛的具体方法。东汉崔寔《四民月令》曰："苴麻子黑，又实而重，捣治作烛，不作麻。"[②] 这说明在汉代，人们专门种植葫芦、苴麻（即大麻的雌株），取其籽实捣碎，或做成脂烛，或做成火炬。从崔寔的讲述中可以了解到当时人们采用了舂捣法来加工制作脂烛：先粉碎葫芦的籽实，继而冲压，将籽实中的油脂挤压出来，以便于燃烧。可见，汉代时人们就已经将含油量大的植物种子用作燃料了。从前后陆续出现的文献记载推测，当时的烛，应该和用动物油脂制作的脂烛在工序和工艺上差不多。

①（汉）氾胜之撰，万国鼎辑释：《氾胜之书辑释》，中华书局1957年版，第155、157页。

②（东汉）崔寔撰，缪启愉辑释：《四民月令辑释》，农业出版社1981年版，第25页。

（三）滋润皮肤、养护头发

《诗经·伯兮》："自伯之东，首如飞蓬。岂无膏沐？谁适为容！"王先谦集疏："泽面曰膏，濯发曰沐。"[③] 这里的"膏"是指滋润面部皮肤的油脂，这是一位妇女在丈夫东行，远离自己之后的独白，诗中说"乱蓬蓬的头发并非是没有膏油来涂抹"，膏沐，就是用油脂作发油。这应该是早期的护发素了。至今南方山区农村妇女仍常以茶油等植物油作发油来使用，北方农村妇女也有用杏仁油护发的。古人化妆用的粉末是用米磨成的粉，使用的时候与油脂调和涂在面部。汉代还有涂饰嘴唇的化妆品，类似于今日的口红与唇膏，是用丹砂等物与油脂调和制成的。

③程俊英、蒋见元著：《诗经注析》，中华书局1991年版，第187页。

古人将各种香草用油脂煎熬，从而提取出其中的芳香物质，并用煎和的油脂涂抹在头发上。这样既能保持头发光泽润滑，又增加了头发的香味。《急就篇》记载了膏泽的制作法："脂，谓面脂及唇脂。皆以柔滑腻理也……膏泽者，杂聚取众芳以膏煎之。乃用涂发，使润泽也。”[1]而盛放膏泽的容器也从原先的竹器，逐步改用金玉制作，这表明贵族阶层的生活越来越奢侈，也表现了对“脂泽”“膏泽”的珍视。

《齐民要术》中记载有“合香泽法”：“好清酒以浸香：鸡舌香、藿香、苜蓿、泽兰香，凡四种，以新绵裹而浸之。用胡麻油两分，猪脂一分，内铜铛中，即以浸香酒和之，煎数沸后，便缓火微煎，然后下所浸香煎。缓火至暮，水尽沸定，乃熟。”这是四香润发膏。又有“合面脂法”：“用牛髓。牛髓少者，用牛脂和之。若无髓，空用脂亦得也。温酒浸丁香、藿香二种。浸法如煎泽方。煎法一同合泽，亦着青蒿以发色。”这是丁香型护肤脂。“若作唇脂者，以熟朱和之，青油裹之。”这就已经是当时的唇膏了。[2]

脂（膏）泽在古代用于皮肤保养与妇女的日常装扮，应是生活中的奢侈品。因此，关于脂泽的描写，多出现在与贵族生活有关的文献中。同时“脂油粉黛”等也反映了上层人士的奢靡之风。油脂不仅有养护功能，还充当起不可或缺的调和剂的角色。

（四）皮革加工

《考工记》载：“革欲其荼白而疾，汗之则坚；欲其柔滑而腥，脂之则需。”[3]东周时期，人们使用油鞣法加工皮革，油鞣法是人类最早的制革技法之一。人们将野兽的脑浆、骨髓、油脂涂于生皮之上，在油脂被空气氧化而产生了油鞣作用后，再对生皮进行揉搓，从而使之变软。[4]

（五）炼铁淬火与战备

《淮南万毕术》记载：“取鼋杀之，烧铁如炭状，以淬其脂中，铁即燃。取蚖脂为灯置水中，即见诸物。”[5]这条史料记载

①（汉）史游撰：《急就篇》，岳麓书社 1989 年版，第 188 页。

②（北朝）贾思勰撰，缪启愉、缪桂龙译注：《齐民要术译注》上，上海古籍出版社 2021 年版，第 379 页。

③闻人军译注：《考工记译注》，上海古籍出版社 2008 年版，第 63-64 页。

④参见范贵堂《制革技术发展史》，载《皮革与化工》2009 年第 6 期，第 42-43 页。

⑤（汉）刘安撰，（清）孙冯翼辑：《淮南万毕术》，中华书局 1985 年版，第 11 页。

了油脂的两种用途。一种是用鼋脂淬火，即将烧红的铁块往鼋脂里一浸立刻取出来，使其冷却，以提高铁的硬度和强度。当然，附着在铁表面的油脂会随之燃烧，因此有"铁即燃"的现象。这是有关淬火技术较早的文献记载。

《淮南万毕术》还记载："猬膏涂铁，柔不折。"古人认为刺猬油对铁有柔化的作用，可使铁变柔软而不易折断[①]。

此外，油脂还是古人守城、征战时必需的战备物资，主要用作火攻和照明，以及为车轮润滑。《吕氏春秋·季春》载："是月也，命工师令百工审五库之量，金铁、皮革筋、角齿、羽箭干、脂胶丹漆，无或不良。"[②]先秦时期，国君会定期派人检查仓库里储存的油脂质量是否良好。《墨子·旗帜》载："凡守城之法，石有积，樵薪有积……麻脂有积，金铁有积……"[③]此处的"麻脂"可解释为大麻子油，也可分开解释，即用大麻做的麻布或麻绳，以及动物油脂。但"麻脂"具体是何物，则还需要更多证据加以确认。

（六）车轮润滑剂

传说我国在夏代就已有制车手工业。考古专家在河南省洛阳市偃师二里头遗址里发现了车辙的痕迹，这是我国发现的年代最早的双轮车辙迹[④]。直至春秋战国时，战争的作战模式以车辆战阵对垒冲杀，各诸侯国对战车的需求与日俱增[⑤]。然而木车作为交通运输工具和作战的主要装备，如果没有油脂的润滑，其轮轴间将产生巨大的摩擦，导致轮轴很快磨损毁坏，车辆的使用寿命也会大大缩减。中国古人善于造车，也善于用油脂保养车辆。

《诗经·泉水》中就有使用油脂润滑车辆的记载："出宿于干，饮饯于言。载脂载辖，还车言迈。遄臻于卫，不瑕有害？"[⑥]其中"脂"就是指给车涂油，使其润滑。古人即使急着出行，也

① 参见李昉等撰《太平御览》卷九一二《蛸》，中华书局1960年版，第4 043页。

② 许维遹撰，梁运华整理:《吕氏春秋集释》，中华书局2009年版，第63页。

③ 吴毓江撰，孙启治点校:《墨子校注》，中华书局1993年版，第904页。

④ 参见中国考古学会编《中国考古学年鉴2005》，文物出版社2006年版，第242页。

⑤ 参见闻人军译注《考工记译注》，上海古籍出版社2008年版，第12页。

⑥ 程俊英、蒋见元著:《诗经注析》，中华书局1991年版，第108页。

会在出发前给车的轮轴进行上油防护，正所谓“工欲善其事，必先利其器”。

秦代时，官方对于车舆保养所用油、胶有着严格的规定，对于油脂也有明确的要求。《睡虎地秦墓竹简》载：“官有金钱者自为买脂、胶，毋（无）金钱者乃月为言脂、胶……一脂、攻间大车一辆（两），用胶一两、脂二锤。攻间其扁解，以数分胶以之。为车不劳称议脂之。”[①] 有资金的官府应该为车辆购买油脂、胶，没有资金的可每月定期报领。每次润滑和维修保养一辆大车，用一两胶、二锤[②] 脂。使用脂、胶的多少，视具体情况而定。如果车辆运行不顺畅，可以适当多加油脂。战国时期秦国已经是“万乘之国”，统一六国后秦国拥有的马车、牛车更是体量巨大，而保养所需的油脂，自然也是相当巨大的用量。

① 睡虎地秦墓竹简整理小组:《睡虎地秦墓竹简》，文物出版社 1978 年版，第 82-83 页。

②《说文解字》曰：“锤，八铢也。”秦汉时衡制 1 两为 24 铢。

（七）作黏合剂、制墨、制“胰子”

古人将油脂与其他材料相调和，做成黏合剂，以防漏、堵漏。《齐民要术·涂瓮》记载：“凡瓮无问大小，皆须涂治……新出窑及热脂涂者，大良。若市买者，先宜涂治，勿使盛水，涂法：掘地为小圆坑，生炭于坑中，合瓮口于坑上而熏之，数数以手摸之，热灼人手，便下写（泻）热脂于瓮中，徊转浊流（缓缓流动），极令周匝，脂不复渗乃止。牛羊脂为第一好，猪脂亦得，俗人用麻子脂者，误人耳，若脂不浊流，一直遍拭之，亦不免津（渗漏）。”[③] 这是说人们用油脂来涂抹，以弥合陶器器壁上的细裂缝。涂治时，一般是使用动物油脂，将其热熔后浇淋在陶器内壁，油脂缓慢流动，慢慢地渗透到器壁的缝隙中，从而保证了陶器的密闭性。

③（北朝）贾思勰撰，缪启愉、缪桂龙译注：《齐民要术译注》下，上海古籍出版社 2021 年版，第 492 页。

宋代赵彦卫《云麓漫钞》中记载：“迩来墨工以水槽盛水，中列粗碗，燃以桐油，上复覆以一碗，令人埽煤，和以牛胶，揉成之。”[1] 这是用油料未完全燃烧的桐油的油烟（煤黑状）来制墨。到了明代，《天工开物》记载了用桐油、菜子油、猪油烧烟制墨，但其比例较小，当时多烧松烟来制墨。

魏晋时有一种洗涤剂叫“澡豆”，唐代孙思邈的《千金要方》和《千金翼方》曾记载，把猪胰腺的污血洗净，撕除脂肪后研磨成糊状，再加入豆粉、香料等均匀混合，经过自然干燥，便可制成作洗涤用途的“澡豆”。猪胰研磨可以使胰腺中所含的消化酶加速渗出；混入的豆粉中含有皂甙和卵磷脂，卵磷脂能起到增强起泡力和乳化力的作用，不但加强了洗涤能力，而且能滋润皮肤。因此，澡豆在当时应该算是一种比较优质的洗涤（洗浴）剂。然而，猪胰腺并不容易获取，所以澡豆未能广泛普及，只有少数贵族使用。后来，人们对澡豆制作工艺进行了改进，在研磨猪胰时加入砂糖，又用苏打（碳酸钠）或草木灰（主要成分是碳酸钾）代替豆粉，并加入熔融的猪脂，混合均匀后，压制成球状或块状，这就是“胰子”了。猪脂在40℃时熔融，而猪胰脏此时发挥脂肪酶的分解作用，将猪脂分解为高级脂肪酸，这些脂肪酸与随后加入的草木灰碱剂发生皂化反应，生成了脂肪酸皂。这就是现代肥皂的主要化学成分。据清代《钦定续文献通考·实业考·油业》记载，当时还利用各种动植物油来制造肥皂。

（八）药用

古代人们利用脂油配合其他药物来治疗疾病，尤其用于治疗皮肤病。《齐民要术》中就列举了许多治疗家畜的药方，其中不少直接运用脂油或以脂油配药的。例如，治马疥方：“用雄黄头发二物，以腊月猪脂煎之，令发消，以搏揩疥令赤，及热涂之，即愈也。”“烧柏脂涂之，良。”又如，治牛虱方：“以胡麻油涂之即愈，猪脂亦得，凡六畜虱，脂涂皆愈。”[2] 唐代孙思邈《千

[1]（宋）赵彦卫撰：《云麓漫钞》，古典文学出版社1957年版，第135页。

[2]（北朝）贾思勰撰，缪启愉、缪桂龙译注：《齐民要术译注》下，上海古籍出版社2021年版，第422、434页。

金食治》中用来治疗疾病的药方使用的便有胡麻油、麋脂、白鹅脂、骛（鸭）脂、雁脂等，除了动物油脂，植物油脂也用于医用了。元代忽思慧《食疗方》中有“羊蜜膏”，是用熟羊油、羊髓、白沙蜜、生姜汁、生地黄汁合成，用来“治虚劳、腰疼、咳嗽、肺痿、骨蒸”等。明代李时珍《本草纲目》中也记载了不少用各种脂油来治病的方法。在陕西，还保留着用瓦罐装满黑豆烘焙做油的方法，治疗小儿上火生的疮（详见后文陕西岐山的烘焙法）。

（九）制作防水用具

古时的人们充分利用了油水不相溶的原理，衍生出“油不沾水”的技术思想，并利用这一原理制作各种防水用具。东汉刘熙《释名》记载，柰油、杏油均用来制作油缯，即一种涤油织物，其过程是把柰仁、杏仁捣烂敷在缯上，待干燥后去掉渣滓，缯便光滑如油。同是东汉后期所作的《四民月令》提到油衣，可见我国很早就以油制作防雨用具了。《齐民要术》载有用麻油、荏油涂帛作油布、油衣；北宋沈括《梦溪笔谈》记载了大麻油、荏油“皆堪作雨衣”的事情，还记有油纸伞，陈师道《马上占呈立之诗》有“转就邻家借油盖，始知公是最闲人”之句，油盖即油伞。

第二章 先秦至两汉油脂的加工与应用

春秋战国时期（前770—前221）是中国古代科学技术的奠基时期。随着奴隶制度向封建制度的转化，与封建制小农经济相适应的因时因地制宜的精耕细作传统已初步形成，和农业生产密切相关的土壤学和生物学知识也初步得到总结。这一时期出现的《考工记》是手工业生产技术规范化的标志，它是当时手工业生产技术的总结；这些技术发明的不断涌现，为对动物、植物油脂的认知的不断深入，以至初步主动地进行加工、制取和利用，提供了技术支撑条件的保障。

秦汉时期（前221—220）是我国古代科学技术发展史上极其重要的时期。随着封建制度的巩固，我国古代各学科体系和许多生产技术趋于成熟，为古代科学技术的发展奠定了基础。我国传统的天、算、农、医四大学科，在这时均已形成了自己独特的体系。在农业方面，奠基于战国时期的轮作制、一般作物栽培的基本原理和精耕细作提高单位面积产量的技术措施，至此已得到确立。科学技术的进步，给秦汉时期社会生产力的提高以有力的推动，为社会繁荣提供了较好的物质基础。

汉代之前，我国先民主要使用动物油脂，并将其称为“脂”或“膏”。人们普遍采用的技术是水煮法或蒸煮法——即便是现在，有些家庭依然用此法制取猪油。同时，人类也较早地将水代法应用于植物油的提取。

关于油脂的提取技术，先秦至秦汉时期的文献中还未发现详细的记载。《楚辞·天问》有载：“冯珧利决，封豨是射。何献蒸肉之膏，而后帝不若？”[①] 其中记述了羿用蒸熟或煮熟的肥野猪肉来祭祀后帝的事情。“蒸肉”应指冬祭献上的供肉，“蒸肉之膏”应是蒸煮后带有脂肪的肥肉。在蒸煮肥肉的过程中，肉中的油脂会从肉质纤维上分离出来——这是早期水煮法的实践。

① 林家骊译注：《楚辞》，中华书局2009年版，第81页。

古人在实践中观察到水与肉质纤维（主要成分是蛋白质）的亲和力比油与肉质纤维的亲和力大的现象，于是利用这一原理，将肥肉浸入水中，加热使水浸入肉质纤维间替换出油脂粒子。隔水蒸肉则是使肉里的脂肪被水蒸气替换出来，道理是一样的。水煮熬制法与蒸煮法，至今依然是动物油脂提取的主要方法。后来，这两种方法也被用于植物油脂的制取。其实，其核心技术思想是利用蒸煮加热，使束缚在纤维中的脂肪、油脂粒子被“松绑”，使之“逃离”束缚，进而通过不同的技法，特别是取代和压榨，将油脂提取出来。这便是两千余年一脉相承的做油的技术传统。

古人用沸水煮肉时可以顺便取油。通过汉代“庖厨图”可知，汉代加工肉食的方法有十余种，但从画像石中只能看到蒸煮和炙肉的情况。[②] 古人在加工肉类的时候，不可避免地要涉及对脂肪的处理，在烹饪猪肉的过程中，就用到了水煮和煎熬的方法获取猪油。人们用沸水煮猪肉获取猪油，并不断添水取油，直到油被取尽。此时，猪肉被取净脂肪，不再有腥味，取出的猪油亦可用于其他用途。

② 参见杨爱国《汉画像石中的庖厨图》，载《考古》1991年第11期，第1 023–1 031页。

用水煮法提取动物脂肪比较简单。猪的体腔内壁上呈板状的脂肪称为猪板油，家畜动物的肠、胃之间也存在着脂肪组织，这些都可以直接取出加水炒油。北宋王怀隐等编的《太平圣惠方》

中记载："取猪脂，去筋膜，于水中煮。待有浮上如油者，掠取，贮于别器中，又煮。依前法再取之。"[1] 明代王肯堂所辑《证治准绳》载："牛脂，去筋膜，熬成油。"[2] 明代高濂在《遵生八笺》中说："将猪脂切作骰子块，和少水，锅内熬烊，莫待油尽，见黄焦色，逐渐笊出。未尽再熬，再笊，如此则油白。"[3] 通过这几则文献记载，我们可以对古人用水煮法技艺提取动物油脂的劳作场景进行想象。此外，烘焙法制取油脂在古代日常生活中也较为常见，但是所得之油油质稍差，并不如水代法应用广泛。

①（宋）王怀隐等编：《太平圣惠方》，人民卫生出版社1958年版，第987页。

②（明）王肯堂辑，臧载阳点校：《证治准绳》，人民卫生出版社2014年版，第242页。

③（明）高濂著，赵立勋等校注：《遵生八笺校注》，人民卫生出版社1994年版，第470页。

第三章 汉晋时期制取植物油的技艺

一、植物油脂的提取

西汉晚期的《氾胜之书》提到了葫芦籽可以用来制烛。东汉晚期的《四民月令》提到苴麻（即大麻的雌株）的籽实成熟后可制取油脂，“擣治”作烛。在汉代，人们专门种植葫芦、苴麻，取其籽实擣碎，做成脂烛或火炬。从“擣治”可推测，古人先用杵臼擣压或用石碓舂压，将籽粒中的油脂挤压出来，再过滤提纯，以便燃烧。这种提取植物油脂的方式还比较粗放。

《后汉书·耿弇列传》载：“吏士渴乏，笮马粪汁而饮之。”[①]其中“笮”就是压榨的意思，这表明东汉时期我国就已经有了压榨的技术思想。东汉郭宪《汉武帝别国洞冥记》载：“进岈嵲细枣，出岈嵲山，山临碧海上，万年一实，如今之软枣。咋之有膏，膏可燃灯。西王母握以献帝。”“外国所贡青楂之灯，青楂木有膏，如淳漆，削置器中，以蜡和之涂布，燃照数里。”[②]其中，“咋”字应作“笮”字，即压榨植物籽实制取植物油，用来做照明的燃料。这是关于榨取植物油脂的明确记载。可以说，人们在汉代就已经使用压榨技术加工植物果实生产植物油了。

综上，在汉代，用杵臼舂擣、用榨具压榨取汁的技术都已经存在。这表明当时我国加工植物籽实制取植物油的技术已经初具雏形，为后世植物油脂生产技术的继续发展奠定了坚实基础。

①（南朝）范晔撰：《后汉书》卷一九《耿弇列传》，中华书局1965年版，第721页。

②（汉）郭宪撰，王根林校点：《历代笔记小说大观·汉武帝别国洞冥记》，上海古籍出版社2012年版，第57、64页。

二、水煮法提取植物油

在汉代，人们已使用水煮法提取植物油。《伤寒论·麻子仁丸》载："杏仁一升，去皮尖，熬，别作脂。甘温。右六味为末，炼蜜为丸。"[①] 在制作麻仁丸时，需要将一升杏仁熬煮，熬出的杏仁油可作别的用途，而去油的杏仁则捣成末入药。文中没有说明杏仁脂被提取出来后别用何处，但是人们终究是用水煮熬制法提取的杏仁脂。这是汉代水煮法提取植物油的文献证据。

西晋张华《博物志》载："煎麻油，水气尽，无烟，不复沸，则还冷，可内手搅之。得水则焰起飞散，卒不灭。此亦试之有验。"[②] 这说明西晋时期人们已经开始通过加热芝麻油去除其中的水分。由"水气尽，无烟，不复沸"可以推想，制取的芝麻油脂有水分，这可能是因为压榨前蒸料时料中渗入了水汽，也可能是因为使用了水代法。而在生产的最后阶段对芝麻油进行搅拌加热，去除其中的水分，这种方式能够提高油脂质量。

①（东汉）张仲景撰：《伤寒论》，山西科学技术出版社 2018 年版，第 55 页。

②（晋）张华撰，祝鸿杰注：《博物志新译》，上海大学出版社 2010 年版，第 100 页。

第四章 魏晋至唐代榨油技术

三国两晋南北朝时期（220—589），由于政权的并立和对峙，各政权为了自身的生存和发展，大都采取了一些政治和经济的改革措施，使农业和手工业生产在和平与安定的间隙中得以发展，思想和文化也相应地得到继承和发展，没有中断。同时，不少少数民族向内地迁徙，北方人民为躲避战乱，大量南迁或迁徙到边远地区，大力推动了民族交融，各地的生产技术和科学知识得到了广泛的交流。因此，科学技术在前代的基础上继续前进，并取得重大的突破。这就为油脂加工利用技术的提高及其传播和推广、生活习俗的演进和相互影响，提供了很好的条件。

隋唐五代时期（581—960）是中国封建社会的盛世，以高度发达的封建文明著称于世。这个时期全国基本统一，社会较为安定，经济繁荣。国家的统一有利于科学技术的推广、生产力的发展，这其中当然也包括了油脂制取技艺的发展和逐步完善。隋唐五代时期的科学技术沿着传统的路子持续发展，无论从深度还是广度上来看，都反映出中国科学技术体系已经达到成熟的阶段。生产技术的定型和推广、生产规模的扩大等为宋元时代科学技术发展的高峰准备了条件。

图 4-1　北方酒榨

图 4-2　南方米酒生产使用的酒榨

一、压榨技术开始普遍应用于榨油

历史上，植物油脂的大量获取，主要依靠高效的榨油工具与技术。榨油工具的出现，为植物油脂的广泛使用打下坚实的基础。汉代时，我国已有榨油技术。到三国时期，我国已有多种压榨工具，当时还出现了用于榨糟取酒的酒榨。

目前，人们还未从早期文献中发现有关“笮”这一压榨工具的详细记载，因此其构造无以详考。单从字义上理解，“笮”应该是一种杠杆式榨汁机，也可以用来榨油，与后世的“油栿”“油梁”“油担”等同属杠杆式榨具，从当代的遗存和活态传承中可互见过往。

晋代也有关于榨油的记载。《太平御览》引东晋王嘉《拾遗记》载：“东极之东有紫麻，粒如粟，色紫，迮为油，则汁如清水。食之，目视鬼魅。”[①] 清人茆泮林辑晋代郭璞《玄中记》载：“乌桕：荆州有树名乌桕，其实如胡麻子，捣其汁可为脂，其味亦如猪脂。”[②]《齐民要术》载：“《玄中记》云：荆、扬有乌臼，其实如鸡头。迮之如胡麻子，其汁味如猪脂。”[③] 这两条史料记载稍有不同，而贾思勰距郭璞所处时代较近，相互印证，其史料

①（东晋）王嘉撰：《拾遗记》，《太平御览》卷八四一《百谷部五》，中华书局 1960 年版，第 3 761 页。

②（东晋）郭璞撰，（清）茆泮林辑：《玄中记一卷补遗一卷》，《续修四库全书》，清道光《梅瑞轩刻十种古逸书》影印本。

③（北朝）贾思勰撰，缪启愉、缪桂龙译注：《齐民要术译注》下，上海古籍出版社 2021 年版，第 887 页。

图 4-3　酒榨（李明晅根据图 4-2 酒榨实物现场绘制）

的可靠程度应该更高些。“迮之如胡麻子”说明在晋代乌桕的籽实可用来榨油，也说明植物油的压榨在晋代已经较为普遍了。由这一时期与榨油有关的记载，如“迮为油，则汁如清水”“捣其汁可为脂”“其汁味如猪脂”推测，这一时期的榨油工艺尚未完全成熟，压榨或捣治出来的汁液其实就是含水分、杂质较多的油水混合物。猪油是古人日常食用油，称乌桕油与猪油的味道相似，表明古人有食用乌桕油的习惯。

晋代张华《博物志》记载：“煎麻油。水气尽无烟，不复沸则还冷。可内手搅之。得水则焰起，散卒不灭。”① 这里反映的应该是当时将初制的油进行精加工的工序，将油水混合物加热，等到水汽蒸发完，没有烟气、不再沸腾的时候，麻油就会回到低温状态，这时就可以把手放进去搅拌了。

总之，以上史料说明晋代榨油技术开始兴起，芝麻、乌桕籽等油料已经被用于榨油。

①（晋）张华撰，祝鸿杰注：《博物志新译》，上海大学出版社 2010 年版，第 100 页。

二、压油家的兴起

东晋时期，随着佛教的兴盛和佛经的传播，印度植物油脂的制取技艺一并传入了我国，特别是文献中提及的榨取法制取芝麻油的工艺，为中国人所了解。这种工艺对我国传统植物油脂制取技艺的发展有着深远的影响。

东晋名僧北凉天竺三藏昙无谶所译的《大般涅槃经》载："譬如有人种植胡麻，有人问言，何故种此？答言：有油，实未有油。胡麻熟已，收子熬烝捣压，然后乃得出油。当知是人非虚妄也。"[①] 其中"熬烝捣压"正是芝麻油提取的关键步骤。"熬"即是"炒"，意思是用火炒使其干燥，指的是将芝麻种子翻炒加热的工序，"烝"即是"蒸"，就是用水蒸气将芝麻油从芝麻点纤维素上取代下来的工序，可以视为水代法加工油料的实证——其实都是热榨传统的体现；"捣压"就是最后制取油脂的工序——压榨。

①（东晋）昙无谶译：《大般涅槃经》卷二十八《大藏经·涅槃部全·宝积部下》第十二卷，第532页。

正如前文所述，从汉代的《氾胜之书》《四民月令》等文献中可知，在植物油脂的制取方面，我国早有相应的压榨技术；在油料的加热加工环节，也已有煎、煮、蒸等处理手段。由此推断，佛经中记载的做油工艺，在中国早有相应的技术（包括技法、工具装置）基础。有鉴于此，笔者认为尽管目前发现的相关文献出现时间有早晚的差异，我国和印度的榨油技艺相对独立发展起来的概率应该较大，至少在发端期是相互独立的存在。

但是，在我国秦汉时期的史料中还没有发现关于榨油的详细记载。相较于印度"熬烝捣压"这一套高效的榨油技术工艺，我国见于文献记载的"捣压"工艺显得简单。因此有学者认为我国的芝麻很可能是从印度地区传入的，因此也有充分的理由相信：植物油，特别是芝麻油榨取技术，也可能是随着佛教的传入从西方传入我国的。还有另一层原因，佛教禁止食用屠宰动物的脂肪，这必然使印度地区对植物油获取技艺高度重视，也十分在意这一传统工艺的传播，其推广强度及技艺的完善程度也应当优于我国。

东汉明帝时，佛教传入我国，对当时的社会生活产生了巨大的影响。公元250年，印度僧人昙柯迦罗于洛阳白马寺译出《僧祇戒本》，此书后来散佚。东晋时期，法显等人重新翻译的《摩诃僧祇律》使用了很多当时新出现的俗语或口语词汇，其中有“油家乞油”“医言，应服油，尔时得乞油，不得从笮油家乞”“笮油家乞麻滓”等。

从翻译的佛经来看，印度较早就有了榨油的家庭式生产作坊。译者用日常用的汉语直译该称谓，而不是采用音译或意译，这表明我国在东晋时可能也已经有了“油家”“笮油家”这样专门行业的概念，故而可套用。“麻滓”很可能就是芝麻的残渣，“医言应服油”说明印度很早就将油脂用于医疗。

北魏时，人们将专门榨油的技术人员称为“压油家”。《齐民要术》记载，农民将一顷地收获的二百石蔓菁籽卖给压油家，可以换六百石粟米，这比种十顷谷子强。东汉桓帝时期，政府曾下召，令民间广泛种植蔓菁。压油家与农民之间形成了良好的产业链条，有利于扩大油料种植面积。压油家的出现，表明压油已脱离了农业，形成了专业的手工业。劳动分工可使榨油工艺的流程更加精细化，而劳动的专业化能促进劳动者技能的精益求精，进而使油脂产量得以提高。

三、唐代制油技术发展较为成熟

据唐代释慧琳《一切经音义》载：“压笮：旧《音义》云以槽笮出汁也。”[①] 可见唐代就已经有了用木槽压榨植物籽实制取汁液的技术，也具备了木槽榨油的技术条件。唐代以后较少见

① 徐时仪校注：《一切经音义三种校本合刊》，上海古籍出版社2008年版，第724页。

“笮油”，而“榨”字屡屡出现，这表明榨油的工具可能由竹制的“笮”变为木制的“榨”，而且相应的技术也必然发生了变化，榨油工艺日趋成熟了。

研究敦煌文书的学者很早便关注有关油梁制油技艺的历史沿革。如法国人谢和耐撰写的《油梁》一文[①]说道，大寺院在庄内拥有油坊，为敦煌地区的居民提供日常所需的油脂起到了非常重要的作用。唐代敦煌地区已有少数寺院采用水硙这种水力磨具和油梁这种杠杆榨油具配合油脂生产。[②]油梁和水硙对外开放有偿使用，这是寺院的重要经济来源。油梁的安装、维修需要经过修梁、叠油梁墙、安油盘、入釜、安门、下木等工程程序，都是由寺院负责出资购买。

唐人韩鄂《四时纂要》载：“压油：此月收蔓菁子，压年支油。”[③]当时农户用蔓菁籽压油，以供应一年的消费，这说明当时民间的压榨技术已经较为成熟，生产活动已经具备较大的规模。

杏仁是重要药材，唐代诸多药方对杏仁油的提取也进行了详细的描述。唐代孙思邈《千金翼方》载：“取杏仁脂，法先捣杏仁如脂，布袋盛，蒸热绞取脂，置蜜器中。”[④]即先将杏仁捣成粉末，然后用绢袋包裹，再用水蒸气蒸，最后趁热绞取油脂。这种蒸馏法在后世一直沿用。

① 参见［法］谢和耐著，耿昇译《中国5—10世纪的寺院经济》，上海古籍出版社2004年版，第151-154页。

② 参见高启安著《唐五代敦煌饮食文化研究》，民族出版社2004年版，第56-57页。

③（唐）韩鄂撰，缪启愉选译：《四时纂要选读》，农业出版社1984年版，第65页。

④（唐）孙思邈撰：《千金翼方》，山西科学技术出版社2010年版，第247页。

第五章 宋元时期的制油技术

宋元时期（960—1368）是我国古代传统科学技术的大发展时期，这一时期人才辈出，比如科学巨匠沈括，数学家朱世杰，首创水运仪象台的苏颂、韩公廉，首创活字印刷术的毕昇，天文学家郭守敬，农学家王祯，等等。这其中既有士大夫，也有平民工匠。他们先后在各个领域将宋元时期的科学技术推进到新的高度，在我国古代科学技术史上写下了光辉的篇章。

这一时期的榨油技术也有了长足进步。魏晋南北朝时期已有“笮油”“压油家”，但当时榨油具的具体形制目前依然不清楚。杠杆压榨应该是最早出现，也是较为便捷的机械压榨技术。魏晋时期应该已有杠杆榨油技术。宋元时期杠杆压榨较为盛行，传统的杵臼捣油、水代法也有使用。我们从宋代文献中可以找到木楔榨油具的蛛丝马迹。

依据生产技术所具的发展惯性和技术传统的传承特性，不少学者认为宋金时期的制油技术应是元代榨油工艺的源头。笔者在前文中虽提到唐代已有一些关于压榨法的生产活动的记载，但规模化的榨油生产应肇始于宋代。这个时期的榨法已经包括梁式平压的压榨技艺和木揎挤压式的槽榨技艺。

一、“干榨”——油梁压榨法

据《宋史·余玠传》记载：“利司都统王夔素残悍，号‘王夜叉’……缚人两股，以木交压，谓之‘干榨油’……蜀人患苦之。”[①] 王夔十分残暴，命下属将人的两腿绑住，使木棍从两侧交叉压在两腿上。这是王夔仿效油担或油梁榨油，即使用杠杆榨油的原理，对百姓施以酷刑。蜀地百姓深受其苦。后来，王夔被时任兵部侍郎的余玠设计斩杀。从这则文献中可以看出，宋代杠杆式榨油技术在四川较为常见，人们耳濡目染，印象深刻，竟想到以此来命名王夔的酷刑。

①（元）脱脱等撰：《宋史》卷四〇六《余玠传》，中华书局 1977 年版，第 12 471 页。

《金史·食货志》载：“陕西提刑司言：‘本路户民安水磨、油栿，所占步数在私地有税，官田则有租，若更输水利钱银，是重并也，乞除之。’”[②]《广韵》曰：“栿：梁栿。”[③] 油栿，即油梁。栿与梁指屋内的房梁，是一根整圆木。由上文“安水磨、油栿”推测，当时的油坊是先用水磨将油料磨碎，然后再用油梁进行压榨。这种油梁的榨油技艺从诞生之日起到新中国成立后的八百多年间，广泛存在于我国广大地区，是出现时间最早的制取植物油的生产技艺之一。

②（元）脱脱等撰：《金史》卷四十七《食货志》，中华书局 1975 年版，第 1 050 页。

③（宋）陈彭年等重修，（隋）陆法言撰本：《覆宋本重修广韵》，中华书局 1985 年版，第 433 页。

二、槽榨法

汉代就有称为“笮”的压榨技术，可以用来榨汁。此后人们又继续发展压榨技术，“笮”在魏晋时期也指榨油。唐代释慧琳《一切经音义》载：“压笮：旧《音义》云以槽笮出汁也。”[④] 唐代就已经有了用木槽压榨汁液的技术，但榨油具的具体形制还不清楚。同时，据《五音集韵》：“笮、醡，笮酒具也。榨，打油具也。”[⑤] 这里强调“榨”为打油具，故打油应是击打木楔榨油。可见，宋代的榨油技术应该更加专业化、精细化了，榨油在当时已经非常普遍，榨油业也迎来了一个发展高峰。

④ 徐时仪校注：《一切经音义三种校本合刊》，上海古籍出版社 2008 年版，第 724 页。

⑤（金）韩道昭撰：《五音集韵》，文渊阁《四库全书》第 238 册，台湾商务印书馆 1986 年影印本，第 263 页。

宋代榨油、榨酒的器具应有明显的区分。根据生产需要，人们分别设计出用来榨油和榨酒的工具。[①] 此后的家庭生产依然使用小型榨床生产油脂、甘蔗汁或者酒。直到清代，制油与制酒时都会使用到榨床。两者都是压榨，在操作时都应用到了杠杆原理。

① 参见傅金泉《黄酒的醉酒文化及发展》，载《酿酒科技》2005 年第 11 期，第 84-86 页。

宋代时有家庭用木槽榨油。南宋陈藻的诗歌《赠叔嘉叔平刘丈》描述了当时百姓压取油脂供生活所用的情形：

> 士多贫者，试后皇皇谁得失？盖其衣食在科举耳。叔嘉、叔平挥染而归，理生自若，众所健羡，赠以古风一首。
>
> 木槽压油三石余，半为灯火半煮蔬。上山伐柴五十束，九分卖钱一烧肉。等闲八月举场归，早禾囷毕晚禾稀。道行愿见国人肥，高才久屈当奋飞。万一主司仍见遗，课奴种麦家相宜。老夫借屋蓄妻儿，寂寥惯便亦何悲。[②]

② （宋）陈藻撰：《乐轩集》，文渊阁《四库全书》第 1 152 册，台湾商务印书馆 1986 年影印本，第 34 页。

宋代知识分子主要靠科举出仕谋生，而叔嘉、叔平二人却避开科举考试，靠自己的劳动自给自足，众人都很羡慕他们二人。在诗中，描述了他们用木槽来压油的情景，得到三石余的油脂，一半用作灯火照明，一半用作饮食。这反映了在当时的文人生活中油脂的主要用途与用量。在宋代三石的油脂约合今天的三百多斤，普通家庭就能生产如此大量的油脂，这说明木槽榨油生产效率较高、产油量大，也表明当时的榨油技术已经十分成熟了。“木槽压油”可能指在卧槽内挤压油料，使之出油。笔者推测，该技术所用榨油具应与《王祯农书》所描述的榨具相似。

三、水煮法

苏轼《物类相感志》载：“芝麻一二升，亦可作油。先炒熟了研细，沸汤入煮，壳在汤内，油在汤面上。”[③] 这是宋代关于水代法制取芝麻油较早且较详细的记载。炒熟研细是为了使油脂从细胞内分离出来，现在制作小磨香油的工艺依旧采用这种“炒

③ （宋）苏轼撰：《物类相感志》，中华书局 1985 年版，第 30 页。

熟研细”的加工方法；在水中煮是利用了油难溶于水且密度低于水能浮在水上的特点，方便收取。当时还有检验香油真假的方法：“真香油以少许擦手心，闻手背香者真。”由此可知，宋代人们对于香油的需求量较大，市场上可能已经存在造假的情况，因此会通过鉴定香油的味道是否透过手掌来判断其真假。此外，在应用方面，由于生油、熟油的性质不同，油品的用途也不同。水煮法中，核心技法就是以水代油的水代技法，其精妙之处在于这一技艺将“沸汤入煮”发挥得淋漓尽致。

四、宋元时期植物油脂制作技艺的发展

（一）卧式、立式楔榨与油梁压榨法

元代《王祯农书》首次对油榨工具进行了详细的描述：

油榨，取油具也。用坚大四木，各围可五尺，长可丈余，叠作卧枋于地。其上作槽，其下用厚板嵌作底盘，盘上圆凿小沟，下通槽，口以备注油于器。凡欲造油，先用大镬

图 5-1 《王祯农书》所载油榨

爨炒芝麻，既热即用碓舂，或辗碾令烂，上甑蒸过。理草为衣，贮之圈内，累积在槽；横用枋桯相拶，复竖插长楔，高处举碓或椎击，擗之极紧，则油从槽出。此横榨，谓之卧槽。立木为之者，谓之立槽，傍用击楔。或上用压梁，得油甚速。①

油榨，就是榨油的设备。《王祯农书》所载油榨制作方法：取四根坚硬的大木料，每根周长五尺，各一丈多长，在地上将它们叠成卧床；在枋木上凿出凹槽，以便盛放包好的油料；底面用厚板嵌作底盘，盘上面开凿圆形小沟，下面通到槽底出口，以便油脂注入承接器内。

在榨油前，先用大锅炒芝麻，炒熟之后就用碓臼捣碎或用石碾压碎，再上甑蒸。然后用谷草包裹油料制成圆饼，放入铁圈内，侧向叠放入枋木的榨槽内。侧面横着用枋木紧紧挤压，枋木一端压着油料，一端再竖着插进长楔木，在高处用蹋碓或木杵，

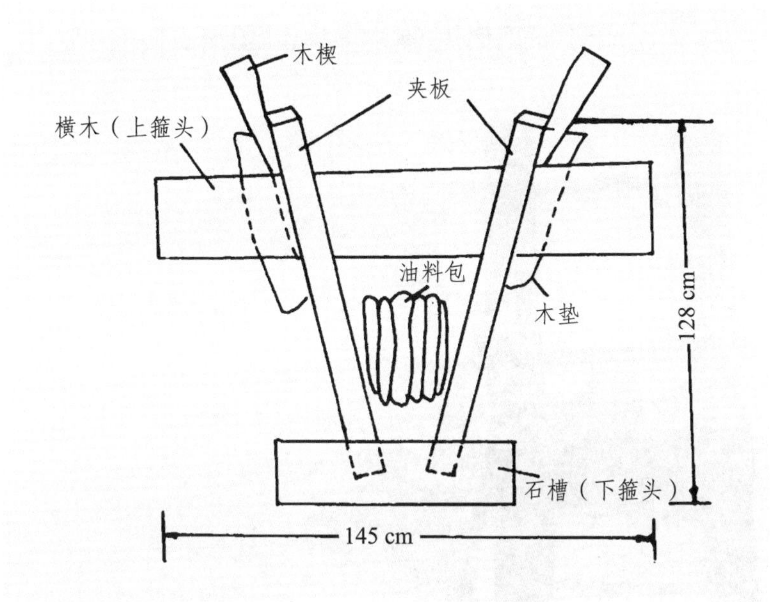

图 5–2　来连村汉族竖式榨油机结构图（杜友亮绘制）

①（元）王祯撰，缪启愉、缪桂龙译注：《农书译注》，齐鲁书社 2009 年版，第 574–575 页。

击打竖直的长楔木。随着木块的逐渐紧压，油脂开始从沟槽中流出。这种结构的油榨称为卧式油榨（卧槽），而将木材立起，则称为立槽式油榨。在榨油槽的一侧击楔，或者在层叠的油料上方直接用油梁压榨，出油都很快。

根据其他学者的田野调查资料，笔者发现我国云南地区出现的几种榨油机有可能就是所谓的“立槽榨”。图 5-2 为立木式榨油机，图 5-3 为木楔压梁式榨油机。虽然没有确切的断代时限，由于戍边、移民等因素，内地做油的技术和器具很早就传入云南。从云南保存的传统榨油器具来看，这一地区很早就有压榨做油的技艺存在了。

据现有资料分析，我国古代榨油器具种类繁多，绝不限于《王祯农书》《天工开物》所介绍的这些。结合近些年国内依然使用的传统榨油机来看，从元代开始，木楔式榨油法就已经发展成熟了，其可分为卧式（油料横置，木楔侧向挤压）、立槽式（油料竖置，木楔垂直挤压）。下图 5-3 所示竖式木楔压梁式榨油机，通过向横梁的两侧共同击打木楔，提供垂直向下的压力以

图 5-3　云南民族博物馆藏彝族木楔压梁式榨油机

榨油。泰国北部、印度尼西亚东部班达群岛和江户时代的日本也有与竖式木楔压梁式榨油机相类似的榨油工具。[①]

（二）磨法

《王祯农书》记载："今燕赵间创法，有以铁为炕面，就接蒸釜爨项，乃倾芝麻于上，执枕匀搅，待熟，入磨，下之即烂，比镬炒及舂碾省力数倍。南北农家岁用既多，尤宜则效。"[②] 在元代，北方的燕赵地区流行一种新创制的磨油法。这种方法是用铁做成灶面，在灶膛接上蒸锅和甑项，直接将芝麻倒在甑中，用枕搅拌均匀，熟了之后直接入磨，一磨油籽就烂了，比用锅炒再舂碾省力许多。王祯认为南北方的农家用油较多，都提倡使用该法制油。而燕赵地区的磨油法明显不同于木榨取油法，应是小磨香油的早期雏形。石磨磨成的应是油糊，而《王祯农书》中没有详细记载后续的提取操作方法。明代北方制取芝麻油是用粗麻布袋扭绞磨好的油料。[③]

① 参见［澳大利亚］唐立（Chistian Daniels）著，尹绍亭、何学惠主编《云南物质文化·生活技术卷》，云南教育出版社2000年版，第324页。

②（元）王祯撰，缪启愉、缪桂龙译注：《农书译注》，齐鲁书社2009年版，第575页。

③（明）宋应星撰，潘吉星译注：《天工开物译注》，上海古籍出版社2016年版，第83页。

图5-4 河北廊坊固安县老李油坊油磨

元代还有一种油车，既是榨油工具，也是油坊的一种称谓。据《南村辍耕录·杭人遭难》记载，元代末年战乱不断，杭州城内粮食供给困难，“又数日，糟糠亦尽。乃以油车家糠饼捣屑啖之”[①]。当时杭州的油坊或许也压榨米糠油，饥民还能依靠油渣饼果腹。从《宋元方志丛刊》中可知，南宋时杭州等地确实有以“油车”命名的街道或地名，并且榨油作坊分布在官府附近，很有可能是专门供应政府所需油脂的。[②]

“油车家”的榨具，应是木槽榨或者油梁，也有将磨制取油的石磨称为“油车”的。据薛理勇记载，当时的油车家就是油榨坊。榨豆油、菜籽油时，首先将豆或菜籽炒熟，然后放入特制的“油车”上碾碎。油车用巨石制成，底下为直径1.5米以上的巨大圆石，沿圆周凿有宽约0.3米的槽，称为“油盘”，另制两个（一对）直径1.5米以上的石轮——中间开方孔，形状似古代的铜钱，用巨大方木将两轮相连接并固定，称之为“油轮”。将一对油轮放在油盘上，轮就嵌入油盘的槽内，将榨油的油料倒入油盘的槽中，用畜力牵引石碾，将油料碾碎，这样可以直接碾压出油。这套器具就叫“油车”，这样的油坊也叫作“油车家”。[③]南方的浙江和广东潮汕地区也将木楔式油榨称为“油车”。

（三）舂捣法

在古代，人们长期以来都使用捣治法制取油脂。宋代吕祖谦称：“如油麻之为物，其中本有油，故一加砧杵，则油便出。”[④]砧杵就是舂米用的棒槌，宋代南方地区流行用舂米的工具来舂捣芝麻油。小规模的制油还是与其他粮食加工一样，共同使用一套简单的加工工具。

元代早期还有些小规模的家庭舂捣做油的作坊。其所使用的工具较为简单，是普通的杵臼。据《癸辛杂识》记载：“陈谔捣

①（元）陶宗仪撰：《南村辍耕录》，中华书局1959年版，第141页。

②《乾道临安志》卷一《行在所·库》：“度牒库，在油车巷。”《咸淳临安志》卷十《行在所录·官宇》：“台谏宅，在油车巷。”参见中华书局编辑部编《宋元方志丛刊》，中华书局1990年版，第3 219、3 448页。

③薛理勇著：《五味调和》，上海文化出版社2013年版，第74页。

④（宋）吕祖谦撰：《吕祖谦全集》第二册《丽泽论说集录》，浙江古籍出版社2008年版，第224页。

图 5-5 《王祯农书》所载杵臼

图 5-6 《王祯农书》所载碓臼——缸碓[①]

①（元）王祯撰，缪启愉、缪桂龙译注：《农书译注》，齐鲁书社 2009 年版，第 560-561 页。

油……有长髯野叟方捣桕子作油，见客至，遂少辍相问劳，曰：‘君亦儒者邪？’持杯茶饮之，遂问今将何往。陈对以学正满替，欲倒解由，别注他缺。髯叟忽作色而起，曰：‘子自倒解由，我自捣桕油。’遂操杵臼，不复再交一谈。”[①] 这里提到了元初时，山野人家还用杵臼捣治乌桕油。

① （宋）周密撰，吴企明点校：《癸辛杂识》续集卷下，中华书局 1988 年版，第 204–205 页。

乌桕油可用来制作蜡烛。杵臼法虽然生产效率低下，但却很适合缺少大型生产工具且劳动力也较少的家户。元代史料《山房随笔》与前文记载了类似的事情，文中说有高士隐居山区，用碓来捣桐油。碓是用木石做成的捣米器具，比较简易，也可用来捣治桐油。从上述文献中可以了解到，元代采用杵臼或碓臼捣治法取植物油（如桐油、乌桕油）在山区还是比较流行的。

第六章 明清时期产油工具与操作流程

明清时期（1368—1840），从明代到清初，我国科技发展比较突出的是在技术方面。技术的发展与生产力发展的关系最为密切。明初，社会经济在恢复中得以前进，明中叶后资本主义萌芽，生产力得以发展，而技术又较少受到上层建筑和意识形态的影响，受到的阻力相对较小。因此，各项技术都得到比较普遍的发展。在这一时期，我国传统油脂制取技艺从工艺到器具也都已发展到相当完备的水平。

明中叶后的资本主义萌芽在一定程度上推动了科学技术的发展，16—17 世纪，我国出现了许多卓有成就的科学家，如李时珍、朱载堉、徐光启、徐霞客、宋应星和方以智等人。我国的自然科学是从 16—17 世纪开始落后于西方的。落后的原因，主要是我国的资本主义未能像欧洲那样迅速发展，也没有社会生产迅速发展对科学提出的迫切需求。同时，腐朽的封建统治制定的文化教育政策严重阻碍了科学的发展。

明清之际，西方科技知识的传入是我国科学技术史上的一件大事，是附有一定的政治目的和宗教目的的。西方科技知识初进入我国时，只在社会最上层的一些知识分子中传播。因此，对传入知识本身和其所产生的影响来说，都具有很大的局限性。

虽然清代中叶的资本主义萌芽比明代有所发展，但清代在科学技术方面取得的成果却远不如明代后期那样丰硕。这主要是清代封建统治者不断推行文化专制主义政策和闭关自守政策造成的。加之不久以后又遭受到帝国主义列强的侵略，我国逐渐沦为一个半殖民地半封建的国家，科学技术的发展与西方的差距就更大了。

明清时期，榨油行业在南北地区形成了不同的技术格局。北方流行石磨磨油、大型油梁压榨、木楔榨，而南方以木楔榨、小型杠杆榨为主。当需要少量植物油时，水煮法制油是较为便捷的。石磨法在芝麻油制造中十分实用，该法结合水代技法，发展了石磨香油技术——磨法，这是目前我国南北方都流行的香油制法。

一、明清压榨法及相关器具

（一）油梁

1. 油梁压油在北方流行，南方某些地区也使用

油梁是结构较为简单的榨油工具，主件是作为榨木的木梁。木梁根据尺寸划分，有大型的，也有小型的。从敦煌文书中“修梁、叠油梁墙、安油盘”等关于油梁维修工作的记载来看，油梁长期在北方地区使用。到目前为止，油梁的基本结构没有太大改变。现在的油梁依然是以木梁为主件，同时也需要叠油梁墙、安油盘等。从各地地方志的记载来看，清代康熙时的陕西、江西广昌县，乾隆时的甘肃、宁夏、河北和大同、西宁府等地区都使用油梁榨油，地方政府还对油坊征税，某些地方还将油梁作为地名，如“油梁沟”等。[①]

2. 传统杠杆压榨工具实物图比较

仅就现有的文献资料，是难以详尽描述出油梁或油担等压榨工具实际操作时的情形。虽然应用杠杆原理进行榨油的器具较为

① 参见（清）《陕西通志》卷九《贡赋》，康熙五十年刻本；（清）《甘州府志》卷六《食货赋役》，乾隆四十四年刊本。

简单，但在推演压榨技艺的细节上仍存在一定的困难。压榨工具有大型的，也有小型的；主体和附属构件有简单的，也有比较复杂的。下面将对实物图与历史记载进行比较，以便古今对照，作更加深入的探讨。

图6-1　河南省栾川县潭头乡狮子岭村杠杆压榨图[1]

上图的杠杆式榨油具，既有小型的、适合两人操作的杠杆榨，也有大型的木梁杠杆式压榨，需要多人配合操作。其基本原理是相似的，都是将油料放在木头下作为支点，将木头的一端固定，在另外一端向下施加压力，支点下的油料受力后榨出油脂。

油梁在北方地区分布较为广泛。遗憾的是，古代史料对于“油梁”工艺技法的介绍十分有限，“油梁”的形制与操作过程也只能通过当代人的描述去推演。下面以山西的传统油梁榨油作坊为例，介绍一下秦晋的油梁压油技艺。

山西盂县尹氏家族在清代创办了私人木梁榨油房，至今已有300余年历史。据90多岁的传承人尹跃林先生介绍，油坊的木梁榨油主设备是全长10.2米的榆木。油梁小头前放有两块青石——称作千斤石，俗名叫“码只石”。其工序包括：扇净菜籽；炒

① 引自袁剑秋、何东平《我国古代的制油工具》，载《古今农业》1995年第1期，第52页。

熟；磨油菜籽；将油料包成团，放在蒸锅（这种蒸锅排子上面的眼都是斜眼）上蒸熟；将菜籽做成油饼；把油饼放入油底进行压榨；油底压出的成品油流入地下埋藏的油瓮；最后，掀开油瓮上的木头小盖把油舀出来。[①]

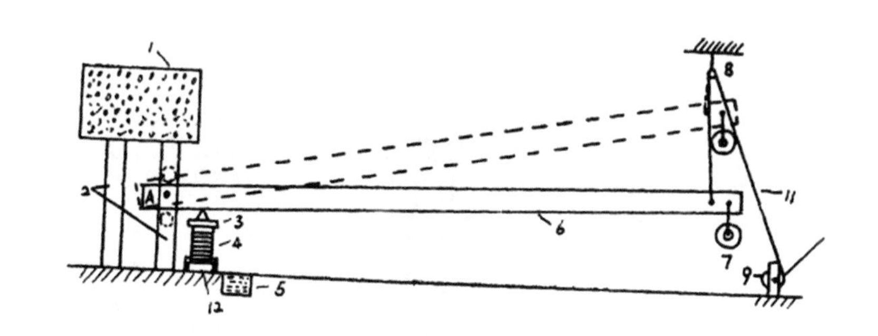

1. 大山　2. 支柱　3. 压盖　4. 油饼　5. 油槽　6. 油梁　7. 石碾碡
8. 滑轮　9. 他滚轮　10. 撬杠　11. 麻绳　12. 底座

图 6-2　流行于陕西户县一带的大梁榨示意图[②]

另据其他记载，20 世纪我国很多地区都存在着杠杆榨油具，如许焕义的《西门村榨油史话》[③]、《河洮岷民俗志·水磨榨坊》[④]、《马关县志·榨油》[⑤]分别介绍了山东胶州、甘肃河洮岷地区、云南马关地区等地的杠杆式榨油器具。兰心《名噪一时的榨油业·盛极一时的米贩梟》，记载了湖北荆门京山县 20 世纪的榨油业状况。当地多以杠杆油榨为主，称为“轧榨”；也有木楔式撞榨，当地称为“响榨”。当地许多村庄都以“某某榨”为地名。[⑥]由上述资料可见，杠杆榨油在我国分布地域广泛，并在民间长期沿用。

（二）木楔式榨油具制作与操作流程

1. 南方木楔榨具

宋应星在《天工开物》中首先介绍了用水煮法制取蓖麻油、

① 部分资料引自《孟县最古老的榨油作坊》（http://mp.weixin.qq.com/s?__biz=MjM5NDcyOTA0MA==&mid=201011349&idx=1&sn=9a2df8a6f761a3d371df27c95bba24dd）。

② 引自袁剑秋、何东平《我国古代的制油工具》，载《古今农业》1995年第1期，第51页。

③ 中国人民政治协商会议山东省胶州市委员会文史资料委员会编：《胶州文史资料第10辑》，1998 年，第55-60 页。

④ 宁文忠、郝荣编著：《河洮岷民俗志》，中国文史出版社 2014 年版，第 58-59 页。

⑤ 云南省马关县地方志编纂委员会编：《马关县志》，生活·读书·新知三联书店 1996 年版，第 295 页。

⑥ 中国人民政治协商会议京山县委员会文史资料研究委员会编：《京山文史资料》第 5 辑《商业专辑》，1986 年，第 85-88 页。

图6-3 《天工开物》所载南方榨

苏麻油的方法，还提到了磨法、舂法。其中主要描述了木榨法。其记载比前代更加详细：

> 凡取油，榨法而外，有两镬煮取法以治蓖麻与苏麻。北京有磨法、朝鲜有舂法，以治胡麻。其余则皆从榨出也。凡榨，木巨者围必合抱，而中空之。其木樟为上，檀、杞次之。（杞木为者防地湿，则速朽。）此三木者脉理循环结长，非有纵直纹。故竭力挥椎，实尖其中，而两头无璺拆之患，他木有纵文者不可为也。中土江北少合抱木者，则取四根合并为之，铁箍裹定，横拴串合而空其中，以受诸质。则散木有完木之用也。[①]

在这里，宋应星总结了传统做油技艺，指出除了压榨法之外，还有用两个锅煮取来制取蓖麻油和苏麻油的方法。北京地区用的是研磨法，朝鲜用的是舂磨法，两法皆是用来制取芝麻油。其余种类的油都是用压榨法制取。榨具要用周长达到两臂环抱有余的木材来制造，并将木头中间挖空。木材用樟木做的最好，用檀木与杞木做的要差一些（用杞木做的容易受潮腐朽）。这三种木材的纹理都是缠绕扭曲的，没有纵直纹。因此把尖的楔子插在

①（明）宋应星撰，潘吉星译注：《天工开物译注》，上海古籍出版社2016年版，第79页。

其中并尽力舂打时，木材的两头不会断裂，其他有直纹的木材则不适宜。长江以北的中原地区很少有两臂抱围的大树，但可以把四根散木拼合起来，用铁箍箍紧，再用横栓拼合起来，中间挖空，以便放进用于压榨的油料，这样就可以把散木当作完整的木材来使用了。

榨油器具的修治整理也十分重要：

> 凡开榨空中，其量随木大小，大者受十石有余，小者受五斗不足。凡开榨辟中凿划平槽一条，以宛凿入中，削圆上下，下沿凿一小孔，�一小槽，使油出之时流入承藉器中。其平槽约长三、四尺，阔三、四寸，视其身而为之，无定式也。实槽尖与枋唯檀木、柞子木两者宜为之，他木无望焉。其尖过斤斧而不过刨，盖欲其涩，不欲其滑，惧报转也。撞木与受撞之尖，皆以铁圈裹首，惧披散也。①

宋应星指出，做榨时要将木料中间掏空。圆木内压榨室的容量要依圆木大小而定，大的可容纳一石多，小的装不到五斗。在开凿压榨室时，首先应在圆木表面的中部开出一条长方形的长缝，然后沿着长缝用弯凿子入内，上下掏凿出圆形沟槽。在沟槽的底部掏出一圆形小孔后，沿着小孔方向再削出一个小槽，使油被榨出时能流入小孔下方的承接器中。平槽长三四尺，宽三四寸，视木料大小而定，没有固定的要求。装在槽里的尖楔与枋（四棱矩形木块，装入榨槽中间，以尖楔打紧，挤压油料出油），只有用檀木、柞子木制作才合适，其他木料都是不行的。尖楔要用刀斧砍成，而不要刨平。其表面应该粗糙些，如果表面光滑，在尖楔打入枋间后，尖楔易反弹滑出。撞木与受撞的尖楔都要用铁圈包住头部，以免木料崩裂。

特别要说明的是，“南方榨”其实有两种打油方式：一种是榨床开口水平，一人或多人水平摆动包铁头的木槌撞击木楔；一

①（明）宋应星撰，潘吉星译注：《天工开物译注》，上海古籍出版社 2016 年版，第 80 页。

种是榨床开口向上，单人站在榨具上，挥动石槌垂直打击木楔。[①]

2. 南方木楔榨操作流程

植物的籽粒是最常见的油料，因为其富含油脂，出油率高。明代时，南方种植油料作物较多，植物油的制取方法也较为先进。《天工开物》对南方木榨法进行了详细的记录。

宋应星介绍的木榨法可以简要概括为以下步骤：文火慢炒—碾碎（或磨碎）—受蒸—包裹成饼—入槽压榨。[②]

① 参见［美］鲁道夫·P·霍梅尔（R.P.Hommel）著，戴吾三等译《手艺中国·中国手工业调查图录1921—1930》，北京理工大学出版社2011年版，第95-98页。

② 参见（明）宋应星撰，潘吉星译注《天工开物译注》，上海古籍出版社2016年版，第82页。

图6-4　纳西族榨油器

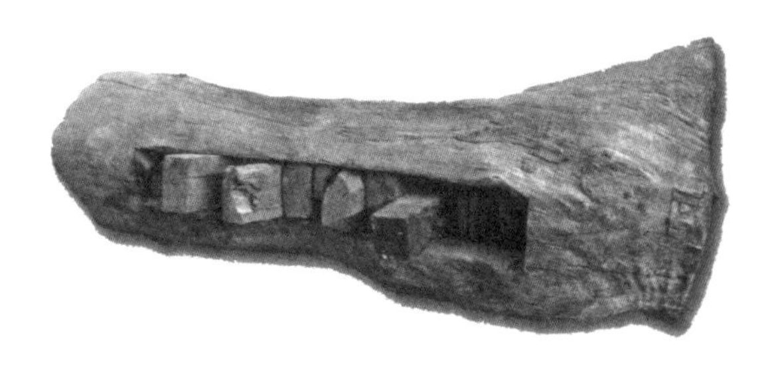

图6-5　哈尼族卧式榨油机

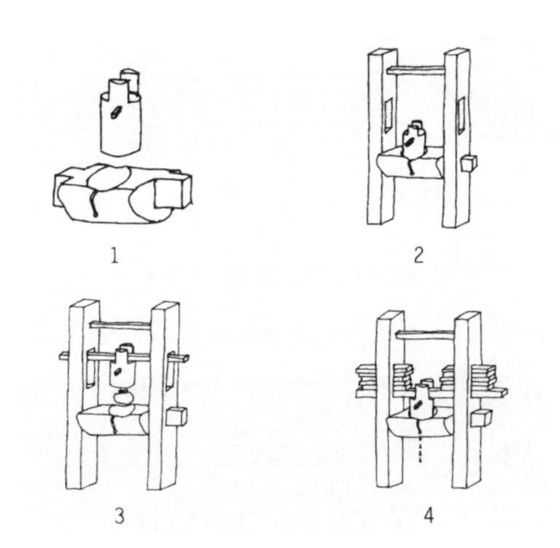

图6-6　彝族立式打楔榨油机分解图

图6-7　彝族立式榨油机

其实在慢炒之前应该有晒干的步骤，宋应星省略未提。文火慢炒是为了去除多余的水分，凝结脂肪细胞内的蛋白质，形成油滴，并让小油滴聚集成大油滴。碾碎（或磨碎）是为了破坏植物细胞结构，以释放油脂。有些油料，如棉籽之类的则用磨不用碾。蒸熟是为了进一步凝结蛋白质。宋应星认为，蒸好后立即包裹有利于提高出油率。入槽压榨就是从破碎的油籽中挤压出油脂。[①] 捆扎好油料包后，将圆饼放入榨室内，直到装满木槽为止。然后插入木楔，用撞木进行击打。油料受到挤压后，油脂像泉水一般流淌出来。油包里面的油出尽后，剩下油渣，称作"枯饼"。芝麻、萝卜籽、油菜籽等榨油后所剩的枯饼需要重新碾碎，筛除麦秸稻秆后，经再次蒸熟、包裹，继而进行二次压榨。第二次出的油是初次的一半。如果是含干性油的乌桕籽、桐籽等，经过一次压榨后油脂即全部流出，不用再榨了。宋应星指出，榨取籽粒油脂的关键是水蒸气，如果不及时包裹蒸过的油料，就会产生较大的损耗，出油就会减少。只有快速地完成包裹、箍匝步骤才能多得油，而有的工匠干到老也不知道这个道理。[②]

① 参见黄兴宗《李约瑟中国科学技术史·第六卷生物学及相关技术·第五分册发酵与食品科学》，科学出版社 2008 年版，第 389 页。

② 参见（明）宋应星撰，潘吉星译注：《天工开物译注》，上海古籍出版社 2016 年版，第 82–83 页。

二、成熟的传统手工技艺

（一）南北方打楔压榨法

打楔法是我国较为流行的榨油方法，《天工开物》中介绍的南方榨就属于用打楔法榨油。该法通过打击木楔挤压油料出油，或者从包裹好的油料左右两侧、单侧插入木楔，打压木楔向油料提供压力，或者将油料包放在木梁下面，在压梁木的两端上方打楔提供向下的压力。虽然榨具形制不同，但打楔法的基本原理是相似的。

学界普遍认为，图 6–8 反映的是清代乾隆时期河北地区棉农

图 6-8　乾隆《御题棉花图》所绘河北地区榨油作坊 ①

榨棉籽油的场景。图中可见蒸制棉籽、包裹油饼、打楔压榨等步骤，能够看出木楔式榨油具的基本轮廓。虽然图像较为简单，油榨的具体形制不能完全清晰地呈现出来，但它也较为形象地反映了当时的劳作场景。

图 6-9 所绘清末榨油具，是将一根粗大木材剖开，掏空中心部分而制成的。图中，工人用稻草将磨碎加工过的花生粉包裹成饼状，并加以圈箍，置入槽中，再从一侧插入木楔，最后以石槌打楔，使之出油。这种榨具由两人从单侧同时打楔，其压力应该较大。

图 6-9　清末广东汕头汉族榨油图（1892—1901）②

①（清）方观承编撰，任继愈总主编，范楚玉主编：《中国科学技术典籍通汇·农学卷四》，河南教育出版社 1994 年版，第 726 页。

② 引自［澳大利亚］唐立（Chistian Daniels）著，尹绍亭、何学惠主编《云南物质文化·生活技术卷》，云南教育出版社 2000 年版，第 333 页。

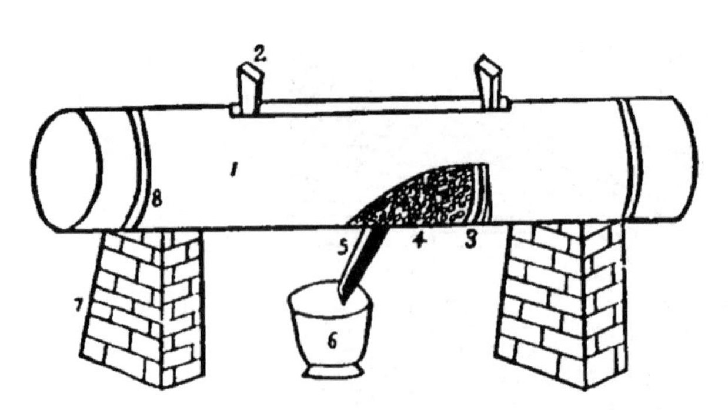

1. 主体　2. 楔子　3. 顶板　4. 油料　5. 排油孔　6. 桶　7. 台柱　8. 铁圈

图 6-10　清末广西梧州卧式榨油具[①]

图 6-10 所绘榨油具，主体由一根大圆木制成，两头箍以铁圈防止开裂。榨油具被置于两个用砖砌成的台柱上，工人从左右两边打楔子，压榨槽中的油料，油脂自排油孔流入桶内。前面所述榨油具多为单边打楔，而此类木榨则为双边打楔。云南地区也有双边打楔的榨油工具，颇具特色。

清末西安地区依然在采用传统压梁式打榨。据《西安县志略》记载：

> 凡制油者曰榨厂。豆油为大宗，苏子、麻子（麻子者即线麻之种子也，即大麻子）、芝麻次之。制法不一，以制豆油言之，置豆于碾，挐牲畜推碾。周匝碎之，纳锅内蒸八成熟，用圆铁圈，以油草包豆粍成圆形，踏实，推入于横重木之下。其木横陈于两立木之榨中空，其两端加堵，以木用石槌悬绳而击。其两端堵木受槌而相挤，槌紧则粍紧，溜油入容器，粍成饼矣。此极笨法也。今渐改良，有用机器者。……元豆每石平均可出油四十五斤，出饼八块（每块五十二斤）。苏子、麻子制法同豆油，而所用器具则略轻。家各有苏及麻，皆可碾之，熬成油。苏子每斗可出油十一二斤，麻子可出油八九斤。其制芝麻油，则将芝麻炒熟，磨研

① 引自［澳大利亚］唐立（Chistian Daniels）著，尹绍亭、何学惠主编《云南物质文化·生活技术卷》，云南教育出版社 2000 年版，第 333 页。

成膏，熬取油。每斗可出油十二三斤。豆油、苏油、麻子油、芝麻油皆以食以燃灯，而芝麻油价昂，则鲜用燃灯者。豆饼出口称大宗，说详商业。[①]

清末西安地区已经有用新式机器榨油的油坊，那时采用新机器榨取的大豆油已经成为大宗商品，超过了芝麻油等。榨取苏子油、麻子油、芝麻油的机器与榨豆油的机器相比，略为轻巧。少数家庭有种苏子、麻子、芝麻的，由于产量不大，所以研磨处理后用水熬煮就可以取油了。可见，少量油脂的提取用水代法比较合适。这些油都可以用来食用、点灯，但是芝麻油价格昂贵，一般不用来点灯。豆饼，即榨豆油后剩下的油渣饼，是出口的大宗商品。一般出口到国外后，国外工厂加工成肥料等，再卖给中国赚取利润。

清末民间广泛采用传统木榨法，而西安地区与辽宁地区都采用一种荡锤打榨技术。这与图 5-3 所示云南民族博物馆藏彝族立式榨油机基本相同，说明这种立式木楔压梁式榨油机在国内的使用范围较广。

楔制油法是我国较为流行的榨油法之一，碓臼捣油法、大梁杠杆压榨等技术也是各地常用的方法。同一地区可能同时存在多种制油工艺，人们常根据不同种类的油料选择不同的生产方法，或者根据需要生产的油脂的量选择不同的生产工具。

此外，还有碓臼捣压法与木楔榨油法并存。

据道光《遵义府志》记载，当地盛产油桐，榨桐油的方法有以下几种："榨油之法各异：以包置（油料）榨间，上下夹木板，以木橦撞禊取油，曰撞榨。置大木于榨顶，用巨绳衮纽，曰绞榨。榨前悬大木飞撞，声如霹雳，山鸣谷应，曰千斤榨。又有用二木，空中置二木板中夹油包左右，用禊木橦撞取。虽妇女皆力能之。其油最清，曰小榨油。"[②] 可见民间压榨工具繁多。遵

①（清）《西安县志略》卷十一，宣统三年石印本。

②（清）《遵义府志》卷十七《物产》，道光刻本。

义地区存在四种榨油方法，这说明当地榨油技术丰富多样，榨油业非常发达。

清代酉阳地区（今重庆市酉阳土家族苗族自治县）也用小榨。据《酉阳直隶州总志》载："酉属多用雕榨，亦曰小榨，所得之油较磨取者尤芬芳，其疏麻（大麻）、豆麻油亦仿此。"[①] 酉阳地区的人们认为，小榨出油比石磨出油更香，故大麻油、豆油的制作也使用小榨法。

①（清）《增修酉阳直隶州总志》卷十九《物产志》，同治三年刻本。

清代广西融县地区（今广西壮族自治区融水苗族自治县）也有关于传统榨油法的记载：

> 榨油法：用径二尺以上之樟木一具。长丈余刳其中空，以受油饼。油饼广一尺，置竖木为之尖楔，悬楼击楔，油即注出。先将茶、桐子用焙笼焙熟，旋研细，研用水力或牛力，研细后用甑蒸熟，覆以稻草衬，裹入铁箍中踏实，然后入榨，是为大榨。每日可出油百余斤。又有观音榨，亦曰雷公榨，规模狭小，用椎椎碎，投入人力椎击之，每日出油十余斤，谓之小榨。清同光间榨落花生亦如之，光绪末年至今花生产额过稀，用以榨油者亦鲜。[②]

②《融县志》第四编《经济》，民国二十五年铅印本。

可见融县地区有大榨、小榨之分，大榨如同明代《天工开物》所载南方榨，而小榨生产规模较小。古人根据榨油规模的不同，会选用适当的榨油工具进行生产。由于当地光绪末年以后花生产量并不高，榨花生油的也就少了。

（二）水煮法提取植物油脂

水煮法最早用于动物油脂的提取，有些植物的油脂也可以用此法制取。据《饮膳正要·诸般汤煎》记载：

> 松子油：松子不以多少，去皮，捣研为泥。右件，水绞取汁熬成，取浮清油，绵滤净，再熬澄清。

杏子油：杏子不以多少，连皮捣碎。右件，水煮熬，取浮油，绵滤净，再熬成油。[①]

这里详细记载了用水代法制取松子油、杏子油的过程，这种方法应是较早就有的。

《天工开物》记载："若水煮法，则并用两釜。将蓖麻、苏麻子碾碎，入一釜中注水滚煎，其上浮沫即油。以杓掠取，倾于干釜内，其下慢火熬干水气，油即成矣。然得油之数毕竟减杀。"[②] 用水煮法取油，必须准备两口锅。第一口锅用大火滚煎原料，取出水面的浮沫，倒入第二口干燥的锅内，用慢火熬干水分，油就炼好了。但是这种方法得油量少，燃料消耗多，并不经济划算，不能大量生产廉价的植物油。因此，此法较少应用于大规模油脂生产中。

《本草纲目》记载了水煮法制作蓖麻籽油："蓖麻子有油可作印色及油纸，子无刺者良，子有刺者毒。……用蓖麻仁五升捣烂，以水一斗煮之，有沫撇起，待沫尽乃止。去水，以沫煎至点灯不炸、滴水不散为度。"[③]

《绘事琐言》中也有关于水代法制蓖麻油的记载："蓖麻子，去壳擂极碎，入锅内煎数滚，则水面有水泡浮油。用鹅毛拂取，煎之半日则油尽出。又将油入砂罐内煎几沸，入黄蜡胡椒，将灯草点之，不见水气，收贮磁器内，候冷可用，胜于茶油。"[④]

明代时用水煮法提取少量日常所需植物油，简单易行，而且制取的芝麻油比油坊里生产的还要美味。宋诩的《竹屿山房杂部》较为系统地介绍了明代水煮法提取植物油的步骤：

松仁油（宁夏有核桃仁，压为油）：松子去皮壳，捣糜烂，水绞汁熬，取浮清油，绵滤洁，再熬之，或研压取油。

杏仁油：杏仁捣糜烂，和水煮，取浮油，绵滤洁，再熬成油。

①（元）忽思慧撰，刘正书点校：《饮膳正要》，人民卫生出版社1986年版，第57页。

②（明）宋应星撰，潘吉星译注：《天工开物译注》，上海古籍出版社2016年版，第83页。

③（明）李时珍撰，王庆国主校：《本草纲目（金陵本）新校注》上，中国中医药出版社2013年版，第626页。

④（清）连朗编著：《绘事琐言》，《续修四库全书》第1 068册，上海古籍出版社2001年版，第772页。

大麻子油：麻子碾碎入汤中，煮渐，杓取油藏之。

芝麻油：芝麻炒熟，研碎入汤内，煮数沸，壳沉于底，油浮于面，杓取去水，收之，较车坊者更新香也。

花椒子油：摘新花椒子，入菜油锅中，煎透。笊起研糜烂，以绢沸，其香味仍调油中。[①]

混油：芝麻炒熟，令擂碎入汤内，煮数沸，壳沉于汤底，油浮于汤面。铜杓撇起，碗内澄去水脚。与车坊头榨者无异，其味无伪，反为胜之。盖人家止有斗升，不可入榨，则依此甚便。[②]

将植物籽捣至糜烂，用水煮，提取浮油，再用绵过滤干净，收藏起来，或者再次熬煮，去除多余水分。明代已经将水代法用于松仁油、杏仁油、大麻籽油、芝麻油、花椒籽油的提取，这些都是日常生活中的食用油。芝麻需要炒熟后研碎，其他植物的籽实可直接破碎后用水煮沸取油。由于方法简单，用水代法提取植物油应大大早于文献记载的出现时间。但水代法需要加水熬煮，这样就要消耗燃料，而且取油量也不多。宋诩所谓的“混油”，就是水代法取油。如果农家所携来的油料较少，不足一石，或者不够油料入榨的标准公斤数，通常就用水代法取油。该法制取少量油脂还是较为方便的，并且出油的质量较高，没有异味，比木榨取油质量还好。

（三）磨法

元代《王祯农书》中已有石磨法制油的记载：“待熟，入磨，下之即烂，比镬炒及舂碾省力数倍。南北农家岁用既多，尤宜则效。”[③] 但书中只是简单介绍了石磨比舂碾更加高效，并没有详细介绍后续的加工处理工序。明代《天工开物》记载北方人用石磨提取芝麻油，将磨过的油料放入粗麻布袋中扭绞。宋应星称将

①（明）宋诩撰：《竹屿山房杂部》，《钦定四库全书》，子部，《竹屿山房杂部》卷六，第 12a–12b 页。

②（明）宋诩撰：《竹屿山房杂部》，《钦定四库全书》，子部，《竹屿山房杂部》卷一九，第 2b 页。相同记载参见（明）无名氏编《墨娥小录》，郭正谊主编《中国科学技术典籍通汇・化学卷・第 2 分册》，河南教育出版社 1993 年版，第 464 页。

③（元）王祯撰，缪启愉、缪桂龙译注：《农书译注》，齐鲁书社 2009 年版，第 575 页。

在日后详考该法。[①] 上文记载都过于简略了。到了清代，小磨香油制法已经完全成熟，与如今的方法基本相同。据清代《酉阳直隶州总志》载：

香油：以芝麻压者，在诸油中气味绝香，故曰香油。他处取油法多用磨，如磨豆腐，贮盆盎中，以葫芦盛热水于中，柄塞其窍而扰于浆中，则油浮其面。用勺逼取之，油净所剩渣滓名芝麻酱。[②]

传统小磨香油的制取步骤为：筛选—漂洗—炒籽—扬烟—磨酱—兑浆搅油—（油葫芦）振荡分油—毛油处理—小磨香油。这一方法比较烦琐，其中“振荡分油”，即涀油这一步尤为重要，传统涀油所用的油葫芦一般是长柄大腹形状。明代史料中有关涀油的记载还较为简单，而上文的记载则最为详细。

此外，水力石磨还与木榨相配合，以便加工油脂。

水磨、水碾大约出现在南北朝时期，石磨、石碾配合水力驱动，可以高效地将大量粮食磨成粉末。最早将水磨用来配合油梁压油的相关资料记载见于敦煌地区。[③] 据《金史·食货志》载：“陕西提刑司言：本路户民安水磨、油栿……”[④] 可见在金代时，陕西人也将水磨与油栿配合起来生产油脂。清代以后关于水磨油房的记载较多，如《康熙岷州志》记载：

至若临巩需油，多从岷人贸易……近发东陕，远且及于各省。此又生殖于林木之外者也。其不事跋涉，利可坐致者则惟油房水磨。油房须四五间，内设锅灶及木槽等器。水磨则跨水渠，盖房一间，于阁板之中置磨盘二下，置磨轮一贯之，以轴与下盘相连。轮当渠水之冲，水势激轮，轮与下盘旋转如飞，昼夜不息。居民以菜子作油，则就油房房主所获，每石一升有奇，为蒸榨之费。碾粮食者，就水磨磨主所获每斗一升。日碾一石，可得一斗。碾菜子者亦如之。[⑤]

①（明）宋应星撰，潘吉星译注：《天工开物译注》，上海古籍出版社2016年版，第83页。

②（清）同治《增修酉阳直隶州总志》卷十九《物产志》，同治三年刻本。

③《唐咸通四年癸未岁敦煌所管十六寺和三所禅窟以及抄录再成毡数目》：“东河水硙一轮，油梁一所。”参见唐耕耦、陆宏基编《敦煌社会经济文献真迹释录》第3辑，全国图书馆文献缩微复制中心，1990年版，第8页。

④（元）脱脱等撰：《金史》卷四十七《食货志》，中华书局1975年版，第1 050页。

⑤（清）《康熙岷州志》卷十一《贸易》，康熙四十一年刻本。

清代甘肃岷州地区（今甘肃省岷县）是重要的粮油产地，附近的临巩、东陕地区以及周围省份都从岷州地区输入油脂。油房水磨主要靠水力做功，因此节省人力，利润颇丰。油坊里面一般设置锅灶和木榨等器具，水磨要在水渠上面修建，水轮靠水力驱动可以昼夜不停。当地居民主要用菜籽榨油，而油坊主人每榨一石菜籽便索取一升菜籽油作为蒸榨费用。水磨还可以碾粮食，每碾一斗粮食磨坊常抽取一升作为费用。可见，油房水磨确实获利颇丰。

（四）水代法

水代法是生产芝麻香油最常见的传统技法。水代法生产植物油是利用油料中的非油成分对油和水的亲和力的不同以及油和水的比重的不同来进行油水分离的。水代法是我国的一种传统制油技法，这种巧夺天工的“水代法”，其过程是这样的：把筛洗好的芝麻在锅中炒酥，再用石磨将芝麻磨成细麻酱坯，然后按比例将油坯和开水放入锅中，通过搅拌、沉淀把油替出来，通过长时间的震动和用重铜锤打轧的方法，将残油与麻渣分开。

这里所说的水代法是一项技法，以当下的定义来看，应当是传统做油技艺中的核心技术之一。榨法、水煮法、磨法乃至蒸馏法等，则是完整的技艺。水代法这一技法普遍地应用在上述诸多技艺之中。

（五）蒸馏法

图 6-11 为清末广西龙州厅（今广西壮族自治区龙州县）蒸馏八角油图[①]。当地的壮族人将八角装入木桶置于热水锅上，水锅被加热后，蒸汽冲入上面的八角中，八角果里的油脂遇热渐成油脂粒子，被水蒸气替代从纤维素的束缚中解脱出来——这一水代过程形成油水混合气，在瓦甑里被上边的冷水镬冷却，凝结成

① China, Imperial Maritime Customs, *Decennial Reports on Trade, Navigation, Industries, etc. of the Ports Open to Foreign Commerce in China, 1882—1891*, Inspector General of Customs, Shanghai, 1893, Lungchow, pp. 659.

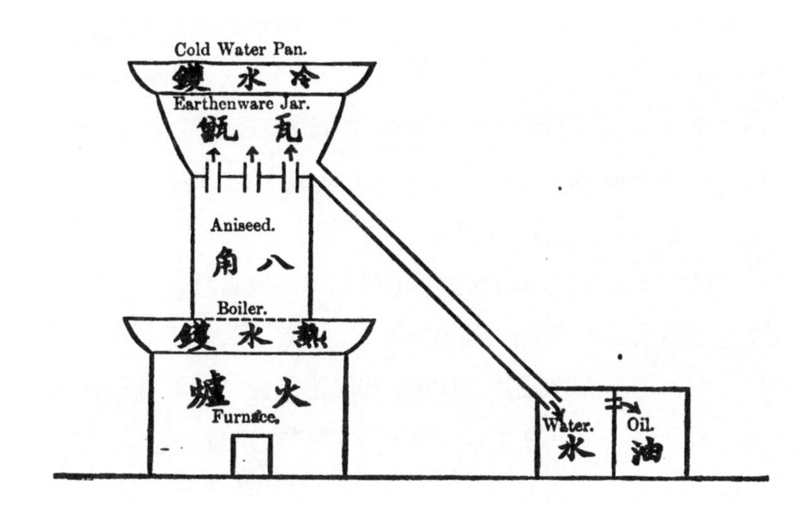

图 6-11　蒸馏八角油图

水混油体，水混油体经由导管流到水箱，油浮于水之上，待水面升高到小孔处，油即流入与水箱上部相通的油箱当中。

八角树为八角茴香科常绿乔木，高达 10 ~ 15 米，树皮灰褐色。果为期荚果，呈褐色，多数有八个角，成熟时开裂，种子呈椭圆形。八角是亚洲东南部亚热带地区的特有树种，主要分布地区在北纬 25° 以南。我国的八角树集中分布于广西的百色、南宁，以及广东和云南毗邻越南的地区，福建南部也有零星种植。八角树定植后，7 ~ 8 年开始结果，20 年后进入盛产期，长达五六十年。每年可结果两次，首次果实肥大，质量好，含芳香油也多。

八角树的枝、叶、果经过蒸馏提取，均可得到挥发性的油脂——茴油。茴油的主要成分为茴香醚，约占茴油的 85% ~ 95%。茴油是一种重要的芳香油，是甜香酒、啤酒以及糖果等食品加工工业的重要香料。茴油是我国的重要出口物资，在世界市场上享有很高的声誉。历史上茴油的贸易市场集中在南宁，茴油多经梧州至香港发运至世界各地。抗日战争时期，海路中断时人们则利用中印航线由昆明空运出口。

笔者在对贵州黔东南、黔东北等地区的传统制油技艺进行考察时，还发现当地的侗族、苗族、仡佬族和水族等族的同胞采用蒸馏冷凝法（以下简称“蒸馏法”）制取木姜油。蒸馏法制油虽鲜见于早期文献记述，但凸显了中国古代植物油制取技术的传统。

在蒸馏法中，通过蒸煮，水蒸气把油脂从纤维束中替代出来，在高温下和环境中的水蒸气形成油水混合蒸汽，混合蒸汽经冷凝而分离出油水液体；蒸汽冷凝后，打破了蒸馏釜中蒸汽压的饱和平衡，油脂继续析出，形成新的油水混合气，参与到后续的冷凝环节之中。此刻的蒸馏，抑或指水蒸气，起到的作用就如同水代法中的水，或可称之为“汽代”。水代或汽代，从本质上讲，原理是一样的，都是利用油脂和水、汽及油料作物植物纤维素的亲和力差异来实现的“代”结合与分离，只是水代过程中油脂是直接析出的，而在汽代过程中，油脂是在油水汽冷凝之后才分离出来。与水代法原理相同，隔水蒸以汽代。

混合蒸汽渐成饱和蒸汽压，蒸汽遇到冷凝釜（天锅），凝结成液体流出。此时，蒸汽压力下降，油气继续蒸发出来，直至达到饱和蒸汽压。如是递进，油水生成。随后利用油、水不相溶且比重不同，去水取油脂。

蒸馏法在早期的文献记载中十分罕见，但从其技术传统、技艺特质（包括器具和技法）上看，应属于我国“热”做油体系。因此其在油脂组分、品味等方面，有着深深的“热”油脂的独特味道。

蒸馏法做油，无论是在文献记载中还是在田野调查中，目前仅在南方，特别是西南地区才有所出现，在北方地区未见这种技艺。

有关蒸馏法的工艺工序、技法及制油调查研究的案例，后文将详述。

第七章 近现代食用油传统制取技术

近代以来，面对列强的侵略和深重的民族危机，中国社会各阶层出现了一批要求向西方学习的人士。在“借法自强”理念的驱使下，西方近代的科学技术比较迅速地传入中国，其规模之大、数量之多、影响之广，都是前所未有的。

19 世纪 60 年代至 90 年代开展的洋务运动，可以说是中国第一次大规模的、由政府推行的近代化的一次尝试，但这次尝试以失败告终了。失败的主要原因是清政府采取的“中学为体，西学为用”的总政策，即妄图借用西方先进的科学技术来延续其封建统治。另外，教育改革迟延、留学生政策失败、企业厂矿管理官僚化、专业人才培养和使用不当、鼓励发明创造的制度欠缺等，都给人们留下了不少值得借鉴的教训。

随着西方工业革命的兴起，机械化大生产逐步替代了手工劳作。这一发展趋势对于近代中国手工业，包括植物油生产行业，也产生了深刻的影响。

一、近代传统手工做油技艺

从明末清初到 20 世纪 80 年代，宋应星在《天工开物》中所描述的传统榨油技术仍然适用于广大城乡。可以说，这种传统的木榨油工艺是近代我国榨油业的重要组成部分。植物油是我国特产，它不仅是保障居家生活的必备之物，而且在对外贸易中也占据着重要地位。豆油、花生油、菜籽油、芝麻油及棉籽油等均为重要的出口产品，特别是豆油和大豆、豆饼一度取代生丝，占据我国出口贸易的第一位。当时的机器榨油业仍欠发达，传统的木榨油手工作坊由于产能所限，难以满足出口需求。

东北是丰产大豆的地方。清代末年，大量的内地移民，特别是山东移民“闯关东”后，黑土地得到开发，大豆等农产品产量激增。当时不仅豆油可供食用，榨完油的枯饼（豆饼）还可做精饲料，也是最好的肥料。大豆加工一举多得，因而倍受欢迎，各地纷纷发展以家庭经营为主的榨油小作坊。这些小作坊都是使用骡马与石臼将油料碾碎，运用木榨机来榨油出饼的小作坊。从1906年到1909年，在大连就出现了35家榨油作坊。据不完全统计，此间东北约有油坊300余家。

山东齐鲁之地历来就是黄河下游的农业发达地区，在烟台等城市中，19世纪末仅有榨油作坊数家，到了1900年油坊猛增至40家。这些油坊大都使用畜力，规模大者有磨6盘，小者也有2盘，每盘设备一日可榨大豆11石5斗。当时烟台从事榨油业者上千人，骡马六七百头。山东潍县（今山东省潍坊市）也有油坊30多家，安丘、青岛等地榨油业也很强盛。当本地黄豆欠缺时，他们就从河南运来黄豆榨油取饼，故山东成为我国当时重要的食油产区。山东是率先引进、种植花生的地区之一。由于自然环境适宜，花生的种植很快在山东发展起来。到20世纪前期，山东半岛还成为花生和花生油的主要产区。

江苏省历来就是产油大省，城乡油坊林立，其中武进、兴化的油坊稍有名气。武进的油坊榨油大多用牛力推动石磨或石碾，再用木架楔式机榨油。每日一盘设备可加工黄豆3石，得油33

斤，豆饼180斤。据光绪二十年（1894）至宣统元年（1909）的统计，武进城镇地区有20余家油坊，乡间尚散布有40余家，原料黄豆主要是就地生产。当本地黄豆不够时，商家就到河南、湖北收购，其盛况可见一斑。

在清末的洋务运动中，用手推螺旋式铁榨机榨油的新式榨油技术也伴随着近代科技的引入而引进。第一家机器榨油厂——太古元油坊由英商太古洋行于1868年在辽宁营口设立，以蒸汽为动力将黄豆压碎，以手推螺旋式铁榨榨油。但是由于当地手工业者的极力反对，原料黄豆的收购被卡住，油坊在开张几年后不得不关闭。直至甲午中日战争后，外国人获得了在中国开矿办厂的特权。1895年，太古洋行"卷土重来"，在营口重办机器榨油厂。1896年，洋务派干将盛宣怀投资21万元在上海创建大德机器榨油厂，其榨油技术明显优于传统的木榨油工艺，据表7-1所列项目便可一目了然：

表7-1　机器榨油与手工榨油的比较

	机器榨油	手工榨油
油料（黄豆）	8斗（240斤）	8斗（240斤）
得油	22斤	20斤
豆饼质量	结实、干净、清淡（色）	酥松、潮湿、发灰（色）
生产成本	0.25两白银	3两白银

盛宣怀之后，许多有资本的官员或商人纷纷投资兴建机器榨油厂，外资也不肯错过这一发财的机会。表7-2、表7-3分别是民族资本和外资在19世纪末期到第一次世界大战前兴建机器榨油厂的情况。

表 7-2　1896—1913 年民族机器榨油工业发展情况

年份	厂名	地点	投资额（元）	性质	负责人
1896	大德机器榨油厂	上海	210 000	商办	朱志尧
1898	临洪油饼厂	上海	280 000	商办	沈云沛
1899	同昌榨油厂	上海	130 000	商办	朱志尧
1901	源丰实业公司	淮安	42 000	商办	陈琴堂
1902	广生油厂	通州	70 000	商办	张謇
1905	大有榨油厂	上海	140 000	商办	席裕福、朱葆三
1905	元丰豆粕厂	汉口	280 000	商办	阮雯衷
1906	镇泰榨油厂	镇江	50 000	商办	江业恒
1906	清华实业公司	上海	280 000	商办	程祖福
1906	大均饼油厂	常州	300 000	商办	恽祖祁
1906	丰盈榨油厂	安庆	140 000	商办	张杏恩
1906	赣丰饼油厂	江苏连云港	420 000	商办	许鼎霖
1907	裕兴榨油厂	阜阳	280 000	商办	程恩培
1907	启新榨油厂	周家口	140 000	商办	丁殿邦、顾若愚
1907	永丰榨油厂	天津	10 000	商办	吕善亭
1907	天兴福油厂	大连	65 000	商办	—
1907	允丰饼油厂	汉口	420 000	商办	凌盛禧
1907	裕华实业公司	济宁	699 000	商办	吕庆圻、吕庆埕
1908	致记油坊	大连	53 000	商办	—
1908	福昌油坊	大连	7 100	商办	—
1908	天盛榨油厂	汉阳	280 000	商办	—
1909	同聚祥油厂	大连	48 000	商办	—

续表

年份	厂名	地点	投资额（元）	性质	负责人
1909	沅升榨油厂	镇江	40 000	商办	汪瑜述
1911	福顺成油坊	大连	95 000	商办	—
1911	聚顺祥油坊	大连	37 000	商办	—
1911	泰昌利油坊	大连	36 000	商办	—
1913	大源榨油厂	镇江	100 000	商办	—

资料来源：表中数据来自《1895—1913国人设立厂矿名录》，引自陈歆文《中国近代化学工业史（1860—1949）》，化学工业出版社2006年版，第884页。

表7-3　1895—1914外资机器榨油工业发展情况

年份	所在地	厂名	投资额（元）	国籍
1895	营口	太古元油坊	不详	英
1895	上海	上海油厂	250 000	英
1905	汉阳	日信豆粕第一工厂	530 000	日
1906	汉口	日信豆粕第二工厂	487 000	日
1906	营口	小寺油坊	1 558 000	日
1907	上海	增裕榨油厂	168 000	中、英
1908	大连	日清豆粕制造株式会社	892 000	中、日
1909	大连	三泰油坊	357 000	日
1909	上海	立德油厂	364 000	中、英
1910	大连	小寺油坊	238 000	日
1911	大连	斋藤油坊	118 000	日
1913	大连	大连寺儿沟油坊	400 000	日

资料来源：表中数据来自汪敬虞《中国近代工业史资料》第2辑，生活·读书·新知三联书店1961年版，第7-11页。

从表 7-2、表 7-3 来看，机器榨油厂主要分布在交通便利的城镇。尽管机器榨油产油率高，产量大，成本低，但是购置一套机器设备投入的资金也较大，故在以自足自给的小农经济为主体的广大农村，手工榨油坊仍很发达，是农村的一项重要副业。

1949 年以前，我国广大农村到底有多少木榨油坊，并没有做过详尽的统计。根据当时中央工业试验所油脂试验组 1940 年发表的《如何改进土榨法》的报告记载，四川省省政府作过一个大概的统计，在 421 个县中有手工油坊 1 331 家，平均每县 33 家，依此推测当时全国应有数千家“土榨法”油坊。在当时，机榨主要用于大豆、花生及棉籽等较大籽仁的油料的榨取，而像芝麻、菜籽、胡麻籽等油料大多仍依赖于传统的木榨油技术。在国家的动荡时期，由于油料的收购和成品食油的销售都陷入困境，故食油的需求依旧仰赖乡镇的手工榨油作坊。针对这一现实，有关部门都开始重视手工榨油业的发展，中央工业实验所还专门对手工楔形木榨工艺和设备进行了研究，并提出了改进意见。

20 世纪 70 年代，手工榨油作坊在许多乡村城镇还很普遍。1964 年到 1965 年，笔者的老师在安徽寿县参加劳动锻炼时所在的公社（相当于乡），就有多所油坊。起灶做饭时，他们就到村里打油（豆油）。当时规定，每月只允许买一次肉，为了保证在劳动中有充足的体能，他们就从村里的油坊多买些油，这样炒出来的青菜吃起来就像肉食一样香。可见，在当时的农村，木榨油设备和相关工艺还是很容易看到的，大家都习以为常，不把它当一回事。改革开放后，农村经济有了较快的发展，工业化生产在农业的许多领域迅速地取代了传统工业，手工榨油作坊的消失就是其中一例。每每回忆起这段往事，老师总是咂着嘴，仿佛舌尖还留着那股油香。

二、传统手工做油技艺的现状

2004 年起，笔者在做传统工艺的调研时发现，原先广布于农村乡寨的手工木榨油作坊已踪迹难寻，那些原本历历在目的木榨油设备，瞬时被小型电动榨油机所取代。许多 20 世纪 80 年代后出生的人甚至不知曾有木榨油设备和相关技术的存在，他们只知道家中的日常食用油要么是从商店里买来的，要么是拿家里收获的菜籽、黄豆等从小油坊里换来的。笔者通过多方努力才获知，在少数地区，特别是边远山区或有少数民族居住的贫困边境地区，仍保存着手工木榨油设备和相关工艺。

（一）开化县传统的手工榨油工艺

2009 年 9 月 12 日，在地方同志的帮助下，笔者前往开化县长虹乡考察传统的手工榨油工艺。开化县位于浙江省西部、浙皖赣三省七县的交界处，总面积 2 236.61 平方千米，森林覆盖率达 80.9%，素有“九山半水半分田”的说法，是个典型的山区县。开化县地处亚热带季风气候区，四季分明，盛产菜籽油和山茶油。菜籽油和山茶油的产出，自古以来一直是该县农业的主要项目。据统计，目前全县除广种油菜榨收菜籽油外，尚有山茶树 4 723 万亩，每年生产山茶油达 10 万余斤。山茶油已是该县的特色农产品。

在开化，使用木榨设备手工榨油（菜籽油、茶油等）已有悠久的历史。在 20 世纪 60 年代以前，该地尚未有机械榨油，人们都是运用传统的手工木榨工艺来榨油。由于这种工艺属于农村手工业，历来都是以父子相传、师徒相授的方式传承，已发现有 5 代以上的技艺传承人。20 世纪 80 年代以后，虽然机械榨油在该地有所发展，但是传统的手工木榨油工艺在一些乡村得以传承。据统计，截止到 2009 年 9 月，开化县有手工木榨油坊 28 家，分

图 7-1　木楦

图 7-2　石油锤

布在长虹乡、苏庄镇、齐溪镇、大溪边乡等地。其中，笔者考察的长虹乡芳村就有 2 家。

我们在芳村看到的手工木榨油坊，可谓是一家标准的乡村油坊。进门首先映入眼帘的是一个直径约 5 米的碾盘，碾盘是木质的，从材质到设计再到制作都显得很精细，碾槽上滚动的碾轮是铁质的或者包着铁皮的木轮。由于还在使用，所以磨得铮亮，毫无锈斑。在碾盘旁，有一个口径过 1.5 米的炒籽锅。再往里走，就看见并排而立的两套木榨设备。木榨主件是一根以樟木为原料的粗硕的“油槽木”，长度约有 6 米，横切面直径在 1 米以上。我们可以想象作为原料的樟木该有多粗多高，必定是生长数十年的老樟树。工匠在油槽木中心凿出一个长 2 米、宽 0.4 米的木槽，这就是放置油胚饼、再插入木桩榨出油的“油槽”，油槽下部开了一个便于让油流出的小口。在油槽木旁堆放着 3 根木桩，它们也是用樟木一类的好木料，用斧子砍成像大型方扁酒瓶状的木桩，接受油锤撞击的一头用铁皮紧裹，附近的屋梁上还悬挂着一个重达 30 斤的石块。这石块呈梯形（见图 7-2），它就是人们用以撞击木桩的石油锤。在房子的一角，还砌有一个能蒸油料的锅灶。在房屋里面的墙下，整齐码放着已榨完油的枯饼（即油饼）。

油坊的主人叶新培生于1963年，1982年拜师学艺成为榨油师傅。现在他能熟练掌握从炒籽、蒸粉、做饼到榨油等各个工序。除了菜籽油、山茶油外，桐油、豆油、花生油、棉籽油的榨取也不成问题。目前这套木榨油设备仍在使用，每年4月到5月间都有菜籽油和山茶油的生产。

传统的榨油工艺，大致上可以分为7个步骤，下面以山茶油的榨取为例。从茶果的收摘、堆沤，到晒果脱壳、收集茶籽，一般不由油坊操作，油坊只是挑选、收购已经加工好的茶籽。山茶油的榨油工序是：烘炒—碾粉—蒸粉—做饼—入榨—出榨—入缸。

烘炒：就是把收来的山茶籽经简单的清洗后放入灶台上的大铁锅里炒干。灶火不宜大，以免部分炒焦。烘炒程度不仅会影响油的香醇度，还关系到能否多出油。炒干的标准是香而不焦。

碾粉：就是将炒干的山茶籽投到碾槽中碾碎。碾盘的动力由水车带动（最初的动力是畜力，用牛拉动；稍后就是由水车带动；现在大多使用电力），水车和碾盘的直径一般都在4米以上。碾盘上有3个碾轮，所有的构件均由木材制成。由水车作为动力来碾碎茶籽，大约需要30分钟（使用牛力约用1小时，使用电力约用10分钟）。

蒸粉：就是将碾成粉末的山茶籽放入木甑，在小锅上蒸熟。一般一次蒸一个饼，约需2分钟。蒸熟的标准是见蒸汽但不能熟透。

做饼：将蒸好的粉末填入用稻草垫底的圆形铁箍之中，用脚踩手包做成胚饼。因为一榨需用50个胚饼，故从蒸粉到完成50个胚饼约需2小时。

入榨：将50个胚饼逐一装入木榨油槽里，开榨时再插入木桩。掌锤的师傅手执悬吊在空中的油锤，悠悠地、一下又一下地

图 7-3　碾粉

图 7-4　蒸粉

图 7-5　做饼

图 7-6　做成的油饼

图 7-7　入榨

图 7-8　开榨

撞到“进桩”上。于是被挤榨的油胚饼便会流出一缕缕金黄色的清油，清油顺着预留的小槽流入接油器中。

出榨：榨油时先用木方进（木桩）一块又一块逐次插入，最后再用木尖进（即头尖的木桩）。几轮开榨，油胚饼里的油逐步榨尽，这时候可以出榨了，出榨的顺序是先逐一撤木进桩，然后再撤饼。

入缸：就是将每次榨得的茶油逐一倒入大缸中，最后密封保存。

以上从原材料到成品油的7道工序，构成了流传千年的传统手工榨油工艺。在这项工艺中，许多技术上的细节，如对炒籽、蒸粉、做饼的火候和时间的掌握，都是凭油坊师傅长期积累的经验，在古代文献中没有具体的数据做参照。淳朴的山民在榨油的过程中，不断向它注入深切的乡情，使它不仅成为一项愉快的劳动，还成了一种展示民俗风情的活动。每年开榨前，除了做好设备、工具整理和环境卫生清洁等工作，还要举行祭祀仪式，就是把猪头、香火摆于案桌之上，在木榨机前祭拜，保佑榨油平安多出油。每年榨油结束时，还要举行封榨仪式——在木榨上披上一块红布，点香跪拜，感谢上天保佑去年平平安安，祈祷来年红红火火。在整个榨油过程中，那“吱呀吱呀”碾粉的水磨声，伴随着有节奏的甩锤的号子声“哎—嗨哟——嗨——嗨——嗨哟——哎”，为人们创造了一种舒畅的气氛，让人们在那古朴、宁静的生活中享受到劳动的欢乐；那轮锤撞击榨钎的瞬间，就像一副优美的动态画面，展示了劳动创造生活的和谐。手工榨油的工艺流程，就像一场赏心悦目的技艺表演，充满了文化和艺术的气息。

传统手工木榨榨出的油，特别是山茶油，不仅色泽金黄透明，气香至纯，沉淀物少，宜贮藏，而且含有极高的不饱和脂肪酸及其他营养成分，是一种深受欢迎的纯天然植物油。

（二）常山县木榨油坊

笔者在常山县新昌乡考察了谢家木榨油坊。谢氏家族在清代康熙年间自江西迁徙到此地，开油坊榨油一直是谢氏家族的重要副业。

常山县位于开化县之南，钱塘江上游，邻赣、皖、闽三省，交通便利，素有“两浙首站、八省通衢”之称。这里从气候到土壤都非常适宜植被生长，像油茶、胡柚、食用菌等都是常山特产。据说，此地山民种植油茶、食用茶油的历史悠久——宋代末年便开始大量栽种油茶，到了明代中叶，油茶已遍布山区、丘陵。民国期间，各乡均种有油茶。据县志记载和相关社会统计，1948 年常山县有油茶 11.7 万亩，到了 1957 年油茶面积增至 22.8 万亩，1975 年达 28.4 万亩，1984 年为 29.3 万亩，目前年均产油茶籽 940 吨。可见，茶油生产在常山经济中占有重要的地位。常山县于 1963 年建立油茶科学研究所，1979 年被列入全国油茶生产基地县。由于茶油林遍布常山乡村，故常山有很多木榨油坊。其中，谢家木榨油坊就是传承至今的一个典型。

图 7-9　茶果

图 7-10　堆沤茶果

图 7-11　碾粉

图 7-12　炒粉

图 7-13　包饼

图 7-14　上榨

图 7-15　榨油

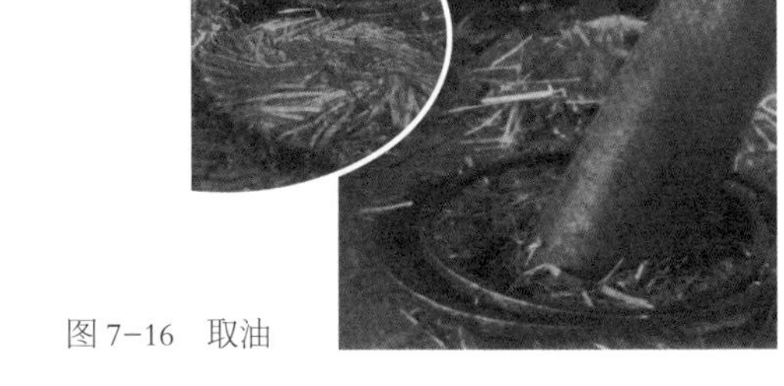

图 7-16　取油

在村子里，“谢氏木榨油厂”几个大字写在油坊的外墙上，十分醒目。油坊的建筑与周边的民房有明显的不同：屋顶由竹木架起，屋檐很高，而且一侧是敞气，空气是流通的，房屋空间很宽绰。同开化县的手工木榨油坊相同，谢家木榨油坊也是由一台水车带动碾盘，大小与开化县的差不多；两套木榨油设备也同样是用大口径的樟木制成，只是木具由于长期使用而呈现出厚积的油斑，油渍深入木纹中而使木板呈现出黑色。樟木楔倒是半新的，可见在使用若干次后，木楔可能会因受损而需要更换。其他的许多设备都与开化看到的相近，只是显得年代久远些。工艺过程也完全相同。

在传统木榨油设备及相关工艺迅速消失的今天，浙江省衢州市开化县和常山县仍能保存着手工榨油技艺的全套设备，并每年通过山茶油的榨取来展示这一非物质文化遗产，实属不易。假若油坊主人没有保护意识，完全可以将木榨器具作为珍贵的木料卖个高价。然而他们清楚，这是老祖宗应用了几千年的技艺，是一种宝贵的文化遗产，倘若丢失，将会永远在人们的历史记忆中留下遗憾。故此，他们决心加入非物质文化遗产的保护队伍中，不仅要保存好这项传统技艺，还要通过整理和展示，为更新后人的历史认知、为民族的文化遗产保护做出贡献。

下篇

无文字处，田野调查采撷新知

下篇，笔者以近年来在北方地区进行田野工作的调查情况为基础，详解已知的北方种种技艺细节，以求我国传统油脂制作技艺之北方撷影。

第八章 秦晋地区传统油梁做油

油梁是利用杠杆原理对油料进行压榨的器具，主件是作为榨木的油梁。根据尺寸，油梁有大型的，也有小型的。从敦煌文书中“修梁、叠油梁墙、安油盘”等关于油梁维修工作的记录来看，古代敦煌地区的油梁在北方地区长期使用，直到目前为止，油梁的基本结构没有太大的改变。从地方志的记载和田野调查的情况来看，陕西、山西等地区都使用油梁榨油。

一、陕西地区的油梁

（一）案例之一：陕西省西安市秦岭北麓沣峪口老油坊[①]

这座老油坊始建于清光绪十三年（1887），距今已有百余年历史。据说它是中国西北地区现存规模最大、保存最完整的一座手工榨油作坊。该油坊手工榨油技艺于2009年被列入陕西省非物质文化遗产名录。

在制油作坊中，长约15米的油梁横贯其中，这是传统压榨技艺的核心工具。榨油工人凭借着秦岭沣峪口的丰富水源，以河水为动力磨碎油料，利用杠杆原理操作巨大的油梁压榨取油。

据老油坊手工技艺传承人高飞介绍，手工榨油每天出油300余斤，每斤售价8元左右，每天净利润达2 000多元。但因手工

① 部分资料引自田进《秦岭老油坊穿越百年手工压榨或将消失》，中国新闻网（http://www.chinanews.com/df/2012/10-02/4225444.shtml）；张树忠《秦岭脚下百年传统老油坊榨油忙》（http://photo.kaiwind.com/yx/jj/201505/18/t20150518_2516387.shtml）。

榨油工序复杂，需要经过碾、炒、蒸、包、榨等环节的诸道工序。一般每月手工榨油一次，每次榨油持续 4 ~ 5 天。

图 8-1　蒸胚

说明：锅中加水至锅高度的三分之一处，锅上放好蒸笼。用大火将水烧开，将磨好的胚均匀放到蒸笼上，再将做好的油草按顺序覆盖到菜籽胚上，用大火蒸上 40 ~ 60 分钟。蒸胚一般一次能蒸 360 ~ 420 斤。

图 8-2　蒸好的菜籽胚

说明：这是榨油的原材料，也是整个榨油过程中最重要的材料。

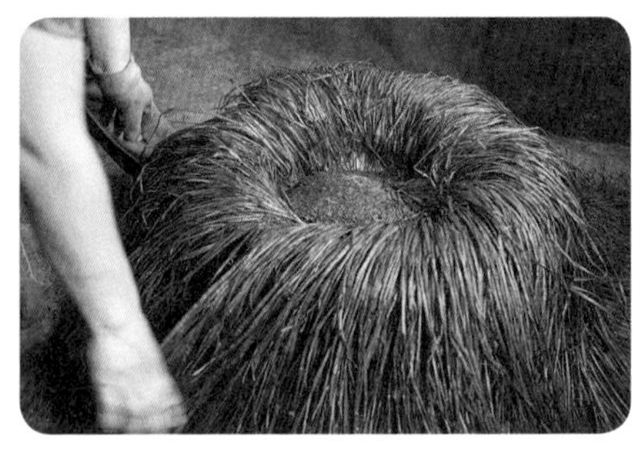

图 8-3　油草打包准备

说明：将油草布满铁箍，向下按压，使油圈的底部形成一个凹部，以便将蒸好的菜籽放入里面。

图 8-4　将蒸好的油料放入油圈底部的凹部，用木拐将油料夯实

图 8-5　制作好的油饼

图 8-6 将制作好的油饼顺着出油井垒好

图 8-7 一直要将油饼垒到油梁水平放置位置附近时为好

图 8-8 垒好油饼后，上面压上支架，下面用木板固定

图 8-9 踩踏绞车升降油梁

图 8-10 在油梁的重力下，油从油饼中流出

图 8-11 流出的油流入油井的桶中

图 8-12 踩踏绞车提起油梁

图 8-13 榨过油的油饼要放到院子里晾晒，可作为饲料使用

（二）案例之二：秦岭脚下西留堡村老油坊（原址在沣峪口）[①]

① 原沣峪口老油坊建成博物馆后，高让让、高飞父子将油坊搬至西留堡，继续传承榨油传统技艺。

该油坊已经有 100 多年的历史，所用工艺与前一案例中的沣峪口老油坊属于同一个工艺脉络。坊主高让让师傅和他的搭档们仍然坚持沿用传统的油梁压榨技艺来制作菜油，这种古老的榨油方法产量非常低，仅有百斤左右，一杠子油要经过碾磨、蒸制、打包、压榨、沉淀、过滤等数十道工序，时间长达八九个小时，且制作过程烦琐，劳动强度大，工人十分辛苦。

图 8-14　打包做油饼

图 8-15　油饼上榨

图 8-16　踩踏绞车升降油梁

图 8-17　吊装压梁石疙瘩

图 8-18　油梁全貌

二、山西神池的油梁榨油技艺

（一）神池素描

山西省神池县在春秋时属北狄地；战国初期为林胡、楼烦等部族游牧区，战国后期为赵国雁门郡地；秦时隶属于雁门；西汉时属楼烦；西晋永嘉年间，为鲜卑拓跋氏所据；十六国时，先后为赵、燕、秦等占据；隋、唐时属鄯阳；辽时属神武；金、元时归属武州宁远；明洪武七年设神池堡；清雍正三年（1725）建县，始被命名为“神池”。

神池县地处晋西北黄土丘陵区，地理坐标为东经111°4′—112°18′，北纬38°56′—39°24′。神池境内群山绵亘，沟壑纵横，地势自东向南、西北倾斜，大部分地区海拔在1 300 ~ 1 600米之间，最高海拔2 545米。年平均气温4.6℃，极端最低气温达 −33.8℃，年降水量481.3毫米，无霜期平均110天，属温带大陆性季风气候。

神池地区的土壤及气候十分适于胡麻的生长。因此，胡麻在神池地区种植的农作物中所占的比重很大，这为胡麻油的生产提

图8-19　远眺神池

图 8-20　神池县著名的天池

供了良好的原料基础。

据《齐民要术》记载，胡麻相传是西汉时开始从大宛国传入的物种。迟至东汉，神池地区开始种植胡麻，且经久不衰。《中国实业志·山西卷》载，民国二十四年（1935），神池全县种植胡麻 10 万余亩，总产量 180 万余公斤，胡麻种植面积及产量均居全省之首。1949 年至 20 世纪 70 年代初，种植面积约 6 万亩。1975 年，神池县被山西省政府确定为全省油料基地县，从此，胡麻种植迅猛发展。至 1980 年，种植面积 22 万余亩，占总播种面积的 29.35%，产量突破千万公斤。20 世纪末，神池县的胡麻种植面积已达到总播种面积的 50% 以上。丰富的胡麻籽资源，为神池胡麻油的生产提供了坚实的物质基础。

早期人们尚不知胡麻可以用来榨油食用，只是捣籽为泥，和饭拌菜食用。成书于南朝梁天监十五年（516）的《经律异相》记述，僧人“稻饭胡麻滓合菜煮”，那是相当受欢迎的美食。

迟至北宋，人们开始用胡麻榨油，成书于北宋天禧年间的

《释氏要览》对胡麻油作为食用油品的事情有所记述。胡麻油馨香可口、味道纯正，深受人们喜爱。神池地区生产胡麻油的历史久远，且所产之油品质优良。清代道光年间兵部尚书、山西寿阳人祁寯藻的《马首农言》记载“油出神池”，可见神池胡麻油的影响之大。

用神池胡麻油生产的神池月饼同样名扬天下。用胡麻油调制的馅经久不干，风味持久，这一特色使得神池博得“月饼之乡”的美誉。晋商在广泛的商贸活动中所携带的神池月饼，亦将胡麻油的美名远播四方。

（二）神池胡麻的发展

神池的胡麻种植有着悠久的历史。神池胡麻油不仅能满足当地人民的生活需要，还远销周边各地。

神池胡麻在种植结构上有纯胡麻、胡麻黄芥混种、胡麻臭芥混种等几种形式（黄芥、臭芥是当地传统耐旱、耐瘠薄的植物油类品种）。纯胡麻油质量高，混胡麻油质量次之。但无论哪种形式，胡麻的产量一直都很低，并且十分不稳定。民国二十四年，全县胡麻平均单产 17.5 千克 / 亩；民国二十五年，全县胡麻平均单产只有 12.5 千克 / 亩。神池地处高寒山区，地广人稀，土地瘠薄，气候特殊，当地人早期种胡麻主要是解决生活中食用油、照明用油等问题。灾年自给自足，丰年略有结余，剩余产品多与周边地区进行产品交易，以便卖点零钱贴补生活，人们没有把种植胡麻当作一项支柱产业或经济来源来抓。所以胡麻种植一直处于广种薄收、粗放经营状态。

解放以后，当地政府才根据国民经济发展的需要，对胡麻生产做了有计划的调整。从此神池的胡麻生产进入了有计划、有目标的正常发展轨道。从 1949 年起，神池胡麻播种面积逐年稳步

图 8-21　神池的胡麻地

图 8-22　一望无际的胡麻

图 8-23　胡麻打籽

增加，胡麻产量逐年提高，胡麻产业逐渐成为当地的主导产业，主要产品胡麻油对国家的商品贡献率也逐年提高。特别是 1975 年山西省政府确定神池为油料基地县后，神池的胡麻生产实现了飞跃式的发展，进入了全盛时期。目前，神池胡麻生产通过 40 多年的努力，总产破千斤大关。胡麻品种也在原有的传统农家品种基础上，逐步引进了 10 多个品种。在栽培、管理、投入上得到了进一步提高，胡麻生产走上了规模化的道路。神池广为流传的“装满油罐罐，不愁钱串串”的民谚就产生在这个时期，从此胡麻成了神池农民的主要经济来源。

图 8-24　胡麻籽　　　　图 8-25　胡麻籽

（三）神池地区油梁榨油技艺考察

胡麻油的榨取技艺由胡麻籽的精选加工、炒熟、磨碎、压榨、沉淀、过滤等六道工序组成。由于传统工艺采用木、石制作的机械设备，在加工过程中不会影响油质，故而产品香味纯正、绵长。

该技艺分布在山西、内蒙古、陕西、甘肃、宁夏等胡麻种植区，尤其是在晋西北比较普遍。目前，神池县已成为该项传统技艺最为集中、最为完好的传承地域，清泉岭榨油厂则是该技艺传承的典型。而胡麻油的食用范围则超出了上述地方，特别是当人们进一步认识到胡麻油优异的食疗、医药价值时，胡麻的种植范围将会有新的拓展。

我们重点考察了神池县清泉岭及周边的几家手工油坊。此外，在相邻的朔州地区也有这样的手工油坊。几家油坊的胡麻油制取技艺大致相同。

神池县清泉岭村的胡麻油压榨技艺有数百年的历史，我们考察的是张志贵的老油坊。据张志贵介绍，他所传承的这一支能记得住的有四代。

第一代：张崇福。张崇福从清朝同治十年（1871）开始在清泉岭村开油坊，历经同治、光绪两朝，到宣统二年（1910）去世。

第二代：张银双、张满元兄弟（张崇福子）。清朝光绪末年（1908），张银双继承父业经营油坊；民国十年（1921），张满元和兄长张银双共同开设油坊，直到 1947 年。

第三代：张成才（张银双子）、张林（张满元子）。解放初期（1946），张成才开始继承祖业，经营油坊；1953 年，张林和堂兄张成才共同开设油坊。1960 年，国家处于三年困难时期，油坊停业。1963 年至 1965 年，张林又开了 3 年油坊。1966 年“文革”开始，油坊停办。张林有时到邻村油坊帮忙。改革开放后，从 1980 年开始，张林复开油坊，1985 年由于身体状况，张林退出油坊。

图 8-26　左为油坊主人张志贵，右为张成才

图 8-27　张志贵站在油梁前

第四代：张志贵（张林子）。改革开放后，从 1983 年开始，张志贵和父亲张林共同经营油坊。1985 年其父退出，张志贵独立开设油坊，成立清泉岭榨油厂，继承了油梁榨油技艺。

张志贵，男，1960 年生。受长辈影响，张志贵自幼学习胡麻油压榨工艺，一直致力于保护油梁压榨技术，其榨油厂所产的绿色油品——梁榨油远销北京、陕西、内蒙古等地。

榨油的主要器具是木质油梁。忻州、朔州等地的油梁，所用木材年代较为久远。据当地人介绍，油梁是由杂木或松木做成的。根据木料材质和经济条件的不同，独木、三五根木料组合的油梁均有所见。油梁的一端是近力点（我们看到的几处油坊的油梁远近力矩比大约在 4 ：1）。在它的两边，从地面到房梁竖着两根较为粗大的柱子，俗称“将军柱”。柱子上边垛放着多层圆木。在圆木上，方的屋顶上砌着石头垛，俗称“泰山”。“泰山”可以使油梁在上部具有稳定的压力。房顶的“泰山”成为油坊的显著标志，很远就能够看到。

图 8-28　打包用的包圈（铁箍）

图 8-29　打包做饼的器具巍子（音）

压榨时，吊油梁是个强度很大的力气活。油梁的远力点处装着粗麻绳，上面拴有两块几百斤重的巨石（俗称“大二圪蛋”），再以人力辅助使油梁翘起。在支点处的槽内放置油饼（一般是十

图 8-30　生料槽

图 8-31　油梁，下面悬挂着拽子

图 8-32　油梁远端支点是“将军柱”，近端的是“二将军柱”

图 8-33　右上角系油坊的特有标志“泰山”，寓意泰山压顶（“将军柱”上方）

图 8-34　压榨出油，油流入缸内

个），油饼有铁圈加固，上面压有石板或垫木，将油梁压紧。然后在压板上放置重物（石块），并以人力辅助向下拉动油梁（有的地方采用脚踏绞盘），挤压油饼。一般一条油梁用 3 ~ 4 个人。每次榨油要经过四道工序，第一回叫软饹，以后依次叫二遍、三遍、四遍。榨一回往出顶一个铁圈，再续一个，梁底下铁圈不少于六个。

目前，许多早期的油坊将原来的传统手工压榨改为机械压榨。由于胡麻油压榨工艺的特殊性，机械压榨的胡麻油较手工压榨的在品质上差别较大，在价格上也相去甚远，这就凸显了传统手工压榨技艺的独特魅力。

胡麻油传统压榨技艺的流程如下：胡麻籽筛选—炒熟—磨碎—蒸制—压制成饼—压榨—沉淀—过滤—装缸存贮—分装。

胡麻籽筛选：选择有光泽、颗粒饱满的胡麻籽，同时除去泥土、草籽等杂质。

炒熟：将胡麻籽炒至红白色，开炸露心即可。

磨碎：用石磨将炒熟的胡麻籽压碎，进一步露出白心。

蒸制：使胡麻籽进一步熟化，以便打包，此时部分油脂溢于表面且有一定黏性。

压制成饼：将蒸熟的胡麻籽倒入筐内，上压木板，用木锤打压成饼状。

压榨：以直径 0.8 ~ 1 米、长六七米的大圆木为主要压榨工具，利用杠杆作用原理压出油脂，引入陶制油缸。

沉淀：用火加热陶缸，使缸内油脂温度达到 50 摄氏度左右，以加速油渣沉淀。

过滤：将上层油脂引出，并将分离出的油渣压制成饼渣，即麻渣。

存贮：将分离出来的油脂装入柳条编的油篓或油缸中存贮。

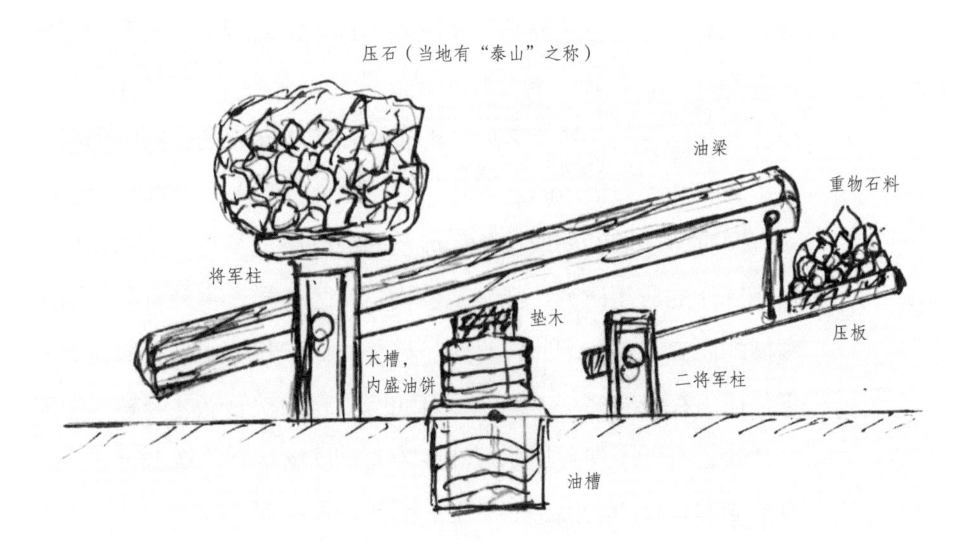

图 8-35　山西神池油梁木榨示意图（李明晅绘制）

一般情况下，人们还要将榨完一次的麻渣用石滚碾碎，再进行二次压榨。

胡麻引进中国已逾两千余年，但是它的主要种植区域仍局限在晋、陕、内蒙古，这表明胡麻油的生产有显著的地域特征；胡麻油的榨取和食用主要是在晋、陕、内蒙古的黄土高原地区，这一区域历史上多为汉民族与少数民族混居，社会生产形态属于农耕和游牧并存，因此胡麻油的生产和食用具有独特的多元文化特质；胡麻油的传统生产技艺，从制造工具到榨油操作都是手工劳作，展现出古代农产品加工的典型要素，是具有特殊内涵的非物质文化遗产。

胡麻油榨取技艺具有丰厚的价值。

从技艺角度来说，胡麻油榨取技艺历史悠久，其自身具有显著的地域文明特征。剖析这一传统技艺的发展进程，对研究地域文明史、探究中国古代农业社会生活状况具有重要的历史价值。从原来的物种引进到本土种植，从工具的制造到生产流程的完善，胡麻油榨取技艺凝结了多民族历代人民的智慧。胡麻油在日常食品加工、医药、油漆和染料制造、制革等方面的广泛应用，充分展示出这一传统技艺内在的多元化的人文特征，同时也反映出不同时期的习俗风尚。因此，它具有宝贵的人文价值。

同时，胡麻油榨取技艺所涉及的物种引进及其本土化，胡麻及胡麻油的应用研究，涵盖了植物学、医药学、生命科学等诸多领域的研究工作。因此，对这一技艺的保护和利用具有很高的科学价值。在社会经济方面，胡麻油所具有的抗衰老、美容、保健等功效，有助于使食用胡麻油成为人们广泛认同的饮食方式，胡麻油的需求量也会因之而激增。因此，对胡麻油榨取技艺进行保护和利用，对于传统胡麻种植地区的经济发展将起到不可估量的重要作用。

但由于油梁榨油劳动强度大，出油率较低，绝大多数榨油厂已由传统的油梁榨油转为现代化的机榨。且由于近年来许多地方恢复古建筑，缺乏大木料，油坊的油梁多被卖到了复修的寺庙当中。目前，不仅这种传统手工技艺基本湮灭，榨油设施和工具也渐渐随之消失了。

（四）神池月饼

神池县是著名的月饼之乡，富有地方特色的神池月饼迄今为止已有 600 多年的历史。作为神池县的特产，神池月饼以其“皮酥馅香、口味浓郁、松软不腻、久存不变”的特色赢得了晋、陕、内蒙古一带民众的喜爱，被认定为“山西名小吃”“山西名点”。采用传统配方、现代工艺精制而成的神池月饼品种有油皮、蛋皮、酥皮、江皮 4 大类 40 多种，根据山西省食品工业协会 2022 年提供的数据，在神池县，月饼的生产企业达 150 余家，年生产销售月饼超过 1.5 亿个，实现产值近 4 亿元，产品销往全国 20 多个省、自治区、直辖市。

据说，神池月饼还有这样一段历史渊源。清代康熙皇帝于康熙三十六年（1697）二月第三次御驾亲征噶尔丹时，由大同、朔州行经神池义井屯。到神池时，军队已经人困马乏，当地的河流水少，甚至不能提供足够的水源给军队。当地官员正一筹莫展时，河水骤溢，湛然清澈，人、马饮后精神倍振。此日恰逢集日，八方商贾齐聚市井，人声喧闹。康熙皇帝乘兴御游集市，发现赶集的商贾很多以香味诱人的月饼作为干粮，甚感惊奇，便向周围发问："二月缘何有月饼？"接驾的地方官员回答道："中秋时节，当地的百姓用麦粉、地道的神池胡麻油和水为原料，配以食糖、玫瑰、芝麻仁等制作月饼，然后贮存于瓷瓮中，以备时节之需，可存放数年而不变质变味。"

神池月饼的制作始于明代初年，经过 600 多年的发展革新，形成了完整成熟的制作技艺。清末，匠人吕凤斌加工的月饼在当地远近闻名，其子吕永和以自己的名字命名，创立了"自永和"老字号月饼铺，使用土炉烤制，技艺传承至今。神池月饼主要选用当地的优质胡麻油，以营养可口的原料搭配制馅，通过传统模具压制成型，以土制炉鏊烤制而成。在过去，当地老百姓都能自己制作月饼。因此，神池也被誉为"月饼之乡"。然而，随着科技的发展和民众饮食结构的改变，传统的制饼技艺逐渐淡出人们的视野，成为民众的一种生活记忆。

笔者对于神池月饼，早期并没有明晰的概念，只是听闻过月饼之乡的名声。真正认识神池月饼，还是对这一地区的油脂制作技艺进行田野调查时。在对神池油梁榨油技艺进行调研时，笔者遇到了油坊主人张志贵的弟弟小张。小张是当地的记者，由于工作原因，常年穿梭于神池的城镇乡村，对当地的风土人情、掌故传说有很全面的了解。在油坊，笔者谈起了胡麻油独特的品质，还提到应注重胡麻油的推广宣传工作。小张记者便说到用胡麻油制作的食物，特别提到了神池月饼。

早年，北上的晋商出门时经常带上一些家乡的风味食品，其中比较常见的是用胡麻油加工制作的面点。说到这里，不得不提一下用胡麻油加工制作面点的独特优点：用胡麻油制作的面点不板结，能够长时间的保持酥软。当时晋人的商队长途跋涉深入草原，甚至远到库伦（蒙古国首都乌兰巴托在清代和民国初期时的称谓），他们随身携带的家乡食物每每能缓解深切的思乡之情。人们发现，商队出来两三个月了，携带的面点酥软依然，家乡的味道浓浓依旧。人们在惊讶的同时，也从这些面点上知道了山西的胡麻油。由面点演化而来的风味食品，就有神池月饼。渐渐地，神池月饼声名鹊起，生产的规模和影响逐渐扩大，神池也有了“月饼之乡”的美称。

笔者跟随小张记者走访了几家在当地比较有名的月饼制作厂家，亲临现场感受胡麻油的应用给人们带来的喜悦。从生产流程上看，当地的厂家生产工艺大致相同，彼此间并无特殊，技法和操作要求也基本相仿。但调馅用料略有不同，烘焙细节小有差异。

来到月饼制作现场，一阵阵胡麻油的香气扑鼻而来，各式月饼模子琳琅满目，最吸引人的是月饼的烤炉——一种当地人特制的烤月饼的炉鏊。烘烤过程称炉。圆匾形的铸铁炉鏊分上盖和下座：下座四周高边，中间呈凸型；上盖周边下延，呈凹型。在炉制月饼时，必须是上下火，即座下生炭火，盖上亦生炭火，下座不动，上盖用铁链悬挂于上方支撑点，使其来回移动。

据制作月饼的师傅介绍，神池月饼传统制作技艺分为制炉、拌馅、和面、制饼、炉月饼五个环节。手工制饼不仅需要古老的制饼技艺，还要有一定的体力——从和面到拌馅，全靠双手控制，火候、力道全凭感官经验。

做神池月饼的水必须是神池当地的600米以下的深层岩溶水。清晨打的水清凉甘甜，特别适合用来和拌馅的面。馅面要和得软硬适中，和好后分成几个饼，放入炉鏊中烤大约18分钟，烤熟后晾凉撕成小块，再经过上万次的揉搓，直至馅饼变成馅粉。再加入精挑细选的芝麻、葡萄干、玫瑰酱等，上下抓匀。一定要注意抓的手法，因为这直接影响着馅的口感。

和面：按一定比例把胡麻油、面粉、水揉至充分融合，揉的力道相当重要。揉的过程中，既要融入其他材料的味道，还要保持材料本身的味道，这也是神池月饼酥香的法宝。现在很多厂里都是用机器和面，机器和面快则快矣，但因为少了人与面的“交流”，始终是差了那么一点。

图8-36　和面

制饼：这个步骤是把拌好的馅包进饼皮里。和好的面要被分成大小相等的剂子。制作月饼的师傅分剂子的功力真的让人佩服——一手揪一个，放在秤上，竟然各个都分毫不差。把剂子按成饼皮，抓一把馅（当地人讲究“一个剂子一把馅”），再把包好的月饼按进月饼模子里，竖着磕一下模子把，再斜着磕一下模

图 8-37　捏制

子侧下方，最后朝下再磕一下，一个月饼就包好了。

烤饼：烤饼是做月饼的最后一步。在做好的炉鏊里放入做好的月饼，盖上炉鏊上盖。在炉月饼时，上下火一定要适中，不然非生即焦。这炉鏊的上盖是用煤炭垒好，用泥把缝隙糊好，起到调节温度和保温的作用，一次能燃 20 个小时，用完之后就要敲碎，重新用泥和煤炭和。和这个上盖需要很高的技术含量：如果泥厚了，火候就不够；如若泥不够，则火太旺，保温效果不好。所以旧时把制作月饼的配料人及看炉人均称“师傅”，由师傅的称谓不难看出其中的技术含量。烤制大约 15 分钟，色泽金黄、香气扑鼻的月饼就出炉了。

图 8-38　神池月饼

说到这里，月饼的故事本应结束，但居然有后续的趣事。

神池当地的朋友十分热情，各家送来了许多不同样式的月饼，一定要我带回北京，给朋友们尝尝，为他们宣传一下。于是，我扛了一箱月饼回京了。以往田野调研回来，都会带一些地方的土特产。装特产的包常被同事们拎走，瞬间变成空包。这次装月饼的箱子照常被同事拎跑了。等我忙完回到办公室，发现箱子被打开，而月饼基本没人动过。同事用鄙夷的神情不屑地说道："这月饼黑乎乎的，看着就不好吃！"

见状，我喊来山西籍的朋友为大家介绍。不承想，几位"老西儿"过来一看，张口狂吃，据称是在解释，"呜里哇啦"语焉不详。等其他同事听清楚了，试着尝了尝，便一拥而上——空箱子依旧依旧！

三、山西其他地区传统手工做油掠影

（一）北寨乡

山西省晋中市榆社县北寨乡，位于县城东北距县城 18 千米，总面积 208 平方千米，属土石山地，海拔 1 100 ～ 1 200 米，泉

图 8-39　北寨乡田野

水河纵贯全乡南北，县乡公路穿乡而过。境内群山环绕，沟壑纵横，上游坡陡沟深，中、下游地势平坦，河道落差逐渐变小，整个地形由东北向西南倾斜，平面轮廓呈长条形，由于全乡山多坡广，宜林、宜牧面积大，水资源相对丰富且无污染，对发展农、林、牧有较大优势。

北寨乡以盛产胡麻著称，有“麻皮之乡”的美誉，种植胡麻的历史悠久。当地主要品种为线麻，线麻分雄、雌两种。雄麻又称夏麻，皮软，色亮，性韧，开花不结籽，夏季收获。雌麻又称秋麻，皮厚，色黄，结籽不开花，秋季收籽，可榨油，麻皮可供织。近年来，北寨乡胡麻油加工企业不断扩规壮大，通过与农户签订种植合同，实行定单生产模式，使胡麻种植规模逐年扩大。

同时，当地用木梁压榨小麻油的技艺已有 500 多年历史。据

图 8-40　北寨乡上城南村古老的城堡式门楼

当地程氏家族的家谱记载，早在明朝初年，程氏祖先就在农闲及秋冬季节用油梁压榨小麻油，除自家食用外，还售给乡邻。到清朝末年，以油梁压榨胡麻油在程氏家族中成为主要产业。

（二）北寨乡油坊

2009 年，晋中市榆社文物普查队在北寨乡下城南村发现了一处建于清末的油梁压榨胡麻油作坊——不是磨坊。该油坊现存设备齐全，炒台、蒸台、石碾、木梁等器具保留得相当好。其中主要设备油梁长 10.4 米，前部立有绞架，上面顶着压满横木，抵住梁木；中间为支点，下面放置出油槽和油瓮；远端是压梁的石料。根据杠杆原理可以知道，这样的分布，中间的近点承受的压力要比远端石料施加给油梁的压力大得多。

图 8-41　北寨乡下城南村压榨小麻油的老油坊

虽然作坊已逐渐失去原有作用，但整体保存完好，对研究传统榨油技艺具有重要的意义。小麻油的制作由四部分组成，分别是炒、碾、蒸、榨，其中最重要的就是榨。整套工艺流程大致为精选优质小麻籽、温火铁锅炒制、石磨粉碎、高温蒸制、小麻麻皮打包后采用木梁压榨。采用木梁压榨工艺所产的北寨小麻油原生态、纯天然，不仅含有丰富的不饱和脂肪酸、多种功能性活性成分、氨基酸、多种维生素成分，以及钙、铁等人体所需的微量元素，而且具有润肠胃、去肝火、助消化、明目保肝等功效，被当地群众称为“长寿油”。

北寨乡小麻油油梁压榨工艺历史悠久，地方特色明显。采用铁锅炒制、木梁压榨的小麻油香味浓郁，口感细腻，而且不破坏营养成分，具有重要的食用油类压榨工艺研究价值。

第九章 内蒙古地区的油梁压榨技艺调查

一、历史上内蒙古地区生活图景素描

内蒙古自治区由东北向西南斜伸，呈狭长形。地理坐标为东经 97°12′—126°04′，北纬 37°24′—53°23′。东西横跨经度 28°52′，直线距离 2 400 多千米；南北纵占纬度 15°59′，直线距离 1 700 千米。全区总面积 118.3 万平方千米。

文化人类学领域将经济文化类型分为狩猎采集、畜牧、农耕三种。历史上，东西跨度达 2 300 千米的内蒙古地区，经济文化类型包含了上述所有方式，即狩猎采集（东部地区）、畜牧和农耕（中部地区）、畜牧（西部地区）三种。

（一）自然环境

1. 地形地貌

内蒙古高原为蒙古高原的一部分，按现代全球板块构造格局，属于亚欧板块。其四面远离海洋，周围有山地环绕，形成了封闭型的内陆高原。内蒙古高原的南部边缘是近南北走向的贺兰山和横亘东西的阴山山脉。阴山山脉东西绵延上千千米，是我国内流区与外流区的重要分界线。

内蒙古高原东起于大兴安岭山脉，西至东经 106° 附近的阿尔泰山脉，地形比较单一，是一个广阔的缓起伏高平原区。地势由周围的山地向高平原中部缓缓倾斜下降，平均海拔为 700 ~ 1 400 米。

2. 气候

内蒙古高原冬季寒冷，春季干旱多风，夏季降水依然稀少，成为内陆极干旱地区。秋季，常出现晴朗的天气，但是秋季短暂。蒙古高压快速形成，这里又过渡到了干燥寒冷的季节。

西周以后，随着马的驯服和草原生态环境的最后形成，这里迅速形成游牧式的生产和生活方式。公元前 16 世纪，气候变化促进了典型草原生态的形成。草原生态也因自然、人为因素被破坏，出现大面积退化、沙化。

3. 植被

内蒙古高原在干旱、半干旱气候敏感带上，那里生态环境脆弱，气温和降水的波动变化易对自然环境产生深刻影响。内蒙古高原的不同气候带有着完全不同的植被生态系统：在山地的半湿润气候带形成了草原、草甸和森林，在广阔的半干旱气候带是广袤的草原，在干旱地带覆盖着荒漠草原植被，在极干旱气候带则是荒漠植被。

（二）蒙古族生计方式

历史上，蒙古族的生产方式以游牧为主。蒙古族的祖先居住在额尔古纳河流域时，就已经有了规模较大的畜牧业。

1206 年，铁木真统一蒙古各部建立大蒙古国后，畜牧业得到了更好的发展。从《出使蒙古记》西方使者对草原畜牧业的描述中，我们可以看出当时畜牧业的繁荣景象：“拥有牲畜极多：骆驼、牛、绵羊、山羊。他们拥有如此之多的公马和母马，以至于我不相信在世界的其余地方能有这样多的马。”[①]《元史·太宗纪》上也记载：“羊马成群，旅不带粮。”[②] 当时的畜牧业虽然没有形

①［英］道森著，吕浦译、周良宵注：《出使蒙古记》，中国社会科学出版社 1983 年版，第 9 页。

②（明）宋镰等撰：《元史》卷二《太宗纪》，中华书局 1976 年版，第 37 页。

成完整的管理体系，但在生产技术、管理方式等方面已有很大进步，畜牧成了他们生活物资的主要来源。

在统一全国后，元朝的畜牧业趋近于鼎盛，主要表现在机构完善、法令条例详备等方面。但凡水草丰美之地，均被划为牧地，或官营或私营，用来牧养牲畜，就像诗人黄溍在《担子洼》中所描述的："连天暗丰草，不复见林木，行人烟际来，牛羊雨中牧。"

清朝建立以后，在蒙古地区的政治制度、政策、法律、宗教以及文化等方面做了大量的工作。北洋政府和国民政府继承了清朝对蒙古地区的政策。从清代到民国，均采取了移民实边开垦种田的政策，这导致蒙古草原传承几千年的游牧经济失去了发展的空间，大量的农田占据了草场。原本脆弱的生态环境遭到严重破坏，很多游牧民失去了草场，转而变为农民。

在社会变迁、环境变化的影响下，蒙古族从采集狩猎、游牧到半农半牧，在或主动或被动的变化中走过了漫长的历程。总体上看来，蒙古族的生产方式是以游牧为主，以其他生产方式为辅。

我国内蒙古地区的哈萨克族、柯尔克孜族、塔吉克族，在草原的利用方式上同蒙古族基本是一致的：夏天他们在高山或临水的低海拔地区放牧，冬天则移至较暖和的低山、平原或者沙漠地带。

蒙古族在原始社会和奴隶社会初期就采用了四季游牧和狩猎的生产方式。这种生产方式使此地的牧民世世代代与畜群朝夕相处，精通养畜之道，积累了非常丰富的实用知识和实践经验。

（三）饮食结构

内蒙古地区的自然环境决定了蒙古族采用游牧的生产方式，

与自然环境相适应的生产方式决定了在这里生存生活着的人们的饮食结构。独特的草原生态环境为发展畜牧业提供了得天独厚的条件，草原上牛羊成群，肉和奶类成为人们的主要食物。这里的牲畜膘肥体壮，其肉营养丰富、脂肪含量高、热量大，是抵御高寒气候的重要食物，而草原的高寒气候和长期的迁徙游牧生活也需要高营养和高热量的食物来为人们补充体力。

1. 驯养的五畜是蒙古民族饮食的重要来源

南宋孟珙《蒙鞑备录·粮食》中记载：“其为生涯，止是饮马乳以塞饥、渴。凡一牝马之乳，可饱三人，出入止饮马乳，或宰羊为粮。故彼国中有一马者，必有六七羊，谓如有百马者，必有六七百羊群也。如出征于中国，食羊尽，则射兔、鹿、野豕为食。”[①]

①（宋）孟珙撰:《蒙鞑备录》，上海古籍出版社影印《说郛三种》本，第2 574页。

南宋彭大雅《黑鞑事略》记载：“黑鞑之国号大蒙古。沙漠之地有蒙古山，鞑语谓银曰蒙古。……其产野草。四月始青，六月始茂，八月又枯，草之外咸无焉。其畜牛、犬、马、羊、橐驼，胡羊则毛氄而扇尾，汉羊则曰‘骨律’，橐驼有双峰者、有孤峰者、无有峰。……其食肉而不粒，猎而得者曰兔、曰鹿、曰野彘、曰黄鼠、曰顽羊、曰黄关、曰野马、曰河源之鱼。牧而庖者以羊为常，牛次之，非大宴会不刑马。……其饮，食马乳与牛羊酪，……其灯，草炭以为心，羊脂以为油……其军粮，羊与泲马。马之初乳，日则听其驹之食，夜则聚之以泲，贮以革器、澒洞数宿，微酸，始可饮。谓之‘马奶子’。才犯他境，必务抄掠，孙武子曰‘因粮于敌’是也。”徐霆疏曰：“霆见草地之牛纯是黄牛，甚大，与江南水牛等。最能走，既不耕犁，只是拽车，多不穿鼻。……霆尝见其日中泲马奶矣，亦尝问之。……先令驹子啜教乳路来，却赶了驹子，人自用手泲下皮桶中，却又倾入皮袋撞之，寻常人只数宿便饮。初到金帐，鞑主饮以马奶，色清而味甜，与寻常色白而浊、味酸而膻者大不同，名曰‘黑马奶’，盖滑则似黑。问之，则云此实撞之七八日，撞多则愈清，清则气不膻，只此一次得饮，他处更不曾见。玉食之奉如此。又两次，金帐中送葡萄酒，盛以玻璃瓶，一瓶可得十余小盏，其色如南方柿漆，味甚甜，闻多饮亦醉，但无缘得多耳。回回国贡来……鞑人粮食固只是车马随行，不用运饷，然一军中宁有多少鞑人，甚余尽是亡国之人。鞑人随行羊马，自食尚不足，诸亡国之人亦须要粮米吃。”[①] 当时蒙古人的主要饮食来源便是五畜的奶和肉，尤其是在行军的时候，五畜随行便解决了军粮的问题。如马可·波罗就在其书中称蒙古军队“急行，则疾驰十日，不携粮，不举火，而吸马血，破马脉口吸之，及饱则裹其创。彼等亦有干乳如饼，携之与俱，欲食时，则置之水中溶而饮之”[②]。

蒙古人在长期游牧中积累了加工五畜肉、奶的诸多经验，这些肉、奶加工技艺与他们生存的环境和生活的方式相适应，如“储藏肉类，切之为细条，或在空气中曝之，或用烟熏之使干”[③]。晒干的肉和乳制品，由于去除了其中的水分，抑制了微生物的生长和大量繁殖，因而不易腐烂，易于贮藏，再加上携带方便，营养价值高，因此成为最适合蒙古人长途征战的饮食种类。肉和奶都具有耐贮藏，携带方便，高热量、高能量等特点。肉食提供人体所需的营养和能量；奶既是充饥果腹的高营养食物，又能调理肠胃菌群，帮助消化，提高免疫力，尤其是酸马奶，为肉食解毒，也为人体提供有益的菌群。

随着环境的变化和社会的变迁，蒙古族聚居地往日“风吹草低见牛羊”的丰美景象和四季游牧的生态型循环生产方式发生了较大改变。时至今日，在我国内蒙古地区，大多数牧民已定居，以牧养五畜为主的生产生活方式遭到了挑战，随之带来了饮食结构的改变。在他们的饮食结构中，肉和奶从主食成为副食。但和

①（宋）彭大雅撰，徐霆疏：《黑鞑事略》，商务印书馆1937年版，第1–2页。

②［意大利］马可·波罗著，冯承钧译：《图释马可·波罗游记》，吉林出版集团有限责任公司2009年版，第79页。

③［瑞典］多桑著，冯承钧译：《多桑蒙古史》上，上海书店出版社2001年版，第30页。

其他民族比起来，蒙古族对于肉和奶的热衷依然较明显。

2. 野生动植物是蒙古民族饮食的主要补充

《马可·波罗游记》中记载："鞑靼人完全以肉和乳品作食物，一切饮食来源都是他们狩猎的产物，他们还吃一种兔子一样的小动物（土拨鼠），一到夏天，这种土拨鼠遍布整个大草原。"[①] 在《柏朗嘉宾蒙古行纪》写道："他们的食物是用一切可以吃的东西组成，实际上，他们烹食狗、狼、狐狸和马匹的肉。"[②]

3. 农作物是蒙古民族饮食中的重要补充

1206 年，成吉思汗统一蒙古各部，建立了蒙古帝国，他非常重视农业生产。出于战争的需要，1219 年，成吉思汗命镇海率领具有农业生产经验的万余人，在阿不罕山附近筑镇海城，辟地屯田。1221 年，长春真人丘处机应成吉思汗之召前往西域，路经镇海城看到农业丰收的景象异常高兴。《长春真人西游记》记录了蒙古地区早期的农业状况："人烟聚落，多以耕钓为业。"[③] 另外，当时的蒙古人民为提高生产效率，还积极学习其他民族的引水灌溉等农业技术，张德辉在《岭北纪行》中有类似的描述："居人多事耕稼，悉引水灌溉之，间亦有蔬圃。时孟秋下旬，糜麦皆槁。"[④] 这些记载反映了当时蒙古族农业的真实状况。

清朝时期，内地自然灾害频发，大量灾民涌入蒙古地区寻找生路。1840 年鸦片战争后，清政府为解决财政困难等诸多问题，实施了移民戍边政策，使蒙古地区的耕地面积大量增加，经济结构也由游牧业转变为半农半牧业，最终分化为纯农区、半农半牧区和纯牧区三种经济形态。当时的蒙古族主要以耕种小麦、糜子、大麦等作物作为畜牧业的重要补充。民国时期，政府对蒙古地区继续实施开垦政策，加之外国资本也在蒙古地区圈地种田，使这一时期蒙古地区的耕作面积进一步扩大。

随着政策、需求的变化和农民、农作物的渗入，蒙古族的生

①［意大利］马可·波罗口述，鲁思梯谦笔录，陈开俊等译：《马可·波罗游记》，福建科技出版社 1981 年版，第 63 页。

②耿昇、何高济译：《柏朗嘉宾蒙古行记》，中华书局 1985 年版，第 42 页。

③（金）丘处机撰，赵卫东辑校：《丘处机集》，齐鲁书社 2005 年版，第 513 页。

④（元）张德辉撰：《纪行》，《元明笔记选注》上，上海教育出版社 2018 年版，第 51 页。

产方式发生了很大的变化，很多蒙古族人从游牧民变成了从事农耕的人。因此，他们的饮食中，农作物的比例明显地多了起来。从现在的饮食结构来看，牧区、半农半牧区、农区、城市等不同区域饮食结构中农作物所占比例不同。

（四）图景素描

内蒙古高原的自然环境决定了当地人们的生产方式。起初，蒙古族先民们在深山野林里依靠采集、狩猎才能维持生存的基本需要。后来，自然环境（外部条件）的变化和社会结构（内部条件）的成熟使他们逐渐向游牧生活过度。随着他们向中原地区扩张和与农耕民族的交融，为满足大量军民生活物资的需求，农耕进入了蒙古人的生活。起初农作物也只是作为食物的补充出现在他们的餐桌上，后由于清政府移民戍边政策的大力推广，蒙古族人的生产方式逐渐转变为半农半牧的形式。

内蒙古地区地域辽阔，从东到西社会的生产方式有很大的差异：东部以渔猎为主，动物油脂为主要食用油脂；中部游牧与农耕相互渗透，食用油脂类型呈多元化——动物油脂、植物油脂并举，传统上仍以畜类的动物油脂为主，但植物油脂也占有相当的比重；西部以游牧为主，体现了原生态的饮食风貌——牛、羊、骆驼的动物油脂为主要食用油脂。基于上述分析，笔者的田野工作主要集中在内蒙古中部地区。

二、采风

（一）达拉特旗的老油坊

1. 达拉特旗概述

达拉特旗位于内蒙古自治区西南部，黄河中游南岸，鄂尔多斯高原北端。其区位优越，北与包头市隔黄河相望，东、南、西分别与准格尔旗、东胜区、杭锦旗接壤。达拉特旗是内蒙古呼包鄂城市群地理中心，是包头通往鄂尔多斯市、陕西省、山西省等地的交通要道，是鄂尔多斯市的“北大门”，也是“走西口”的人们涌入内蒙古、分散东西的枢纽之一。

达拉特旗历史悠久，古为“骑射之地”“游牧之所”，游牧文化、草原文化、黄河农耕文化和鄂尔多斯蒙古族传统文化在这里相融并存。全旗总面积为 8 188 平方千米，下辖 1 个苏木、8 个镇、6 个街道办事处，共有 132 个嘎查，28 个社区。达拉特旗以蒙古族人为主体，但汉族人仍占大多数，有蒙、藏、满、回、壮等 14 个少数民族。旗内交通便捷，包（包头）神（神木）铁路、210 国道、109 国道及包（包头）东（东胜）高速公路贯穿旗境，被誉为鄂尔多斯市的“北大门”。其地形南高北低，南部丘陵连绵、沟壑纵横，矿产丰富；中部大漠浩瀚、瑰丽壮观，是全国著名的沙漠旅游风景区；北部土壤肥沃、坦荡如砥，是黄河冲积平原，土地肥沃。该旗素有“五梁、三沙、二份滩”之称。

2017 年 7 月，笔者与内蒙古文化产业研究院院长董杰博士及全小国先生一道，对鄂尔多斯地区的几处老油坊进行了调查。

2. 庞挨和家油坊

达拉特旗白泥井镇至今还保留着使用传统卧式木制压榨油技艺的老油坊。

达拉特旗老油坊始建于 20 世纪 60 年代，最初归当地公社所有，改革开放后承包给个人经营至今。每年的六七月份，待油籽成熟后，老油坊开始榨油。初始榨油前，人们都要举行独特的拎生仪式，即选取白绵羊一只，牵到主管榨油之神的神龛前，用清水涂抹羊的全身，并口颂祈福的颂词，以示幸福平安、买卖兴隆。

达拉特旗老油坊在组成部件上包括油梁、大将军柱、二将军柱、插板、坠犊石、天盘、地缸、绞油架、压梁石、梁垛石等。它采用古老的卧式榨油术，利用杠杆原理，历经原料采集、炒籽、磨碾、上水拌苹、蒸苹、包垛、垒垛、压榨、沉淀成油等十多道工序，纯手工制作，且不依赖任何现代机械设备。其榨出的油质纯、色亮、口感好、不易变质，堪称民间手工榨油技艺的“活化石”，具有独特的历史价值、文化价值和科普教育价值。

图 9-1 “神奇”的编织袋

找庞挨和家油坊的经过，很有意思。笔者从北京出发抵达呼和浩特，与董杰院长即刻前往包头，在包头与全小国先生汇合后驱车抵达达拉特旗的东海新村。此间，偶然看到路边一个院子的门上挂着一个编织袋，上面赫然印着“手工压榨纯胡麻油”，并印有庞挨和油坊的详细地址——“馅饼”从天而落！（图 9-1）

“星星点灯，照亮我的前程……”一路小曲，我们奔向白泥井镇道劳窑村。

沿途是北方农村的景象：田野中的“青纱帐”正是高的时候，阡陌间的杨树高大荫翳；远远望去，时而出现的村落中，泥土筑垒、石木砌筑的房屋或隐或现。眼前的景象满是农耕文化的氛围，使我恍惚觉得自己正在秦晋大地上奔驰，而不是到了辽阔大草原上的内蒙古。

终于见到庞挨和。他年龄约 50 岁，是一个身材魁梧的壮汉，有着黝黑的肤色，鬓发因岁月的侵蚀而变得花白。据他介绍，当地榨油的历史非常久远。但是到他这一代，小时候赶上集体化，当地的油坊都归集体所有了。在他的印象中，油榨上的师傅基本上是村里的人。那时候在油榨上干活记工分，工分标准很高，因为榨油是很累的活。后来，随着机榨的出现，手工油梁压榨少了，很多油坊都关了，榨上的师傅也多出门打工干别的营生去了。但是，庞挨和心心念念的都是老油坊的油香。

数年前，他以 5 000 元价格盘下油梁，邀请大师傅主槽榨油。主槽师傅贺宝雄 75 岁，与庞挨和是同村，曾向“走西口”过来的山西人学习油梁压榨技艺，熟练掌握磨、炒、包、榨全套工序，精通各环节技法。油坊的油品品质好，远近闻名，但是竞争激烈——除了要和机榨作坊竞争，还要和同是手工榨油的同行竞争。因此，他们在经营上只能够做到小有盈余。

其油梁的形制如秦晋地区的油梁，是当年“走西口”的人们将做油的技法连同压榨器具的制作工艺一道带入内蒙古，传授给了当地的人们。

老庞的油梁主梁是硕木一根，长 12 米，直径在 0.5 ~ 0.7 米。其前端从四分之一处开始有短木拼接，四五根附加木料拼就了与前端同等方圆的梁木。前端支柱“大将军柱”和后端支柱“二将军柱”间隔 3.12 米，“二将军柱”距放置油饼处（压榨点）1.25 米。

老庞的油梁不像秦晋等地的油梁架设在平地上，而是架设在整体的地槽上，在压榨点取油的地方深挖地穴，放置油桶；在油梁尾部挖地穴，以方便在拽子上加载重物——石疙瘩蛋。此外，油梁“大将军柱”的上方是楔入的数根横木，横木可将油梁抵死，而不是用石料等重物压住油梁。

拽子靠绞车拉拽、升降油梁，后端的石疙瘩蛋用的是两三块废旧的石磨，在油梁下压时可加大远端的压力。那两三块石磨加起来有五六百斤的样子。

油料胡麻籽是约 3 元一斤收购来的。为降低成本，这个油坊

图 9-2　庞挨和油坊，房顶的“泰山”标志明显

图 9-3　油坊主人庞挨和

图9-4　笔者、庞挨和、董杰（从左至右）在油梁前

图 9-5　架设在地槽上的油梁

图 9-6　油梁由三根主梁组成，上面横放的木楔抵住了油梁

图 9-7 加载的重物（石头）

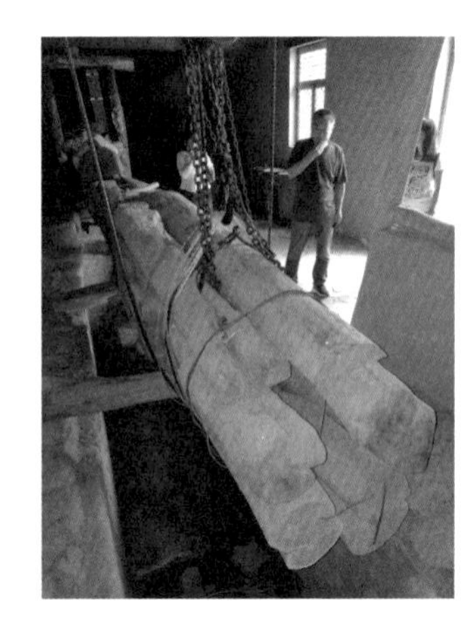

图 9-8 铁链（拽子）

图 9-9 地槽

图 9-10 包圈铁箍

图 9-11 董杰和“双轮驱动”石碾子

图 9-12 料斗出料口细节

做油饼不用编织麻包来装料，而是用购买的编织袋替代。每上榨600 斤胡麻籽，出油约 200 斤。

其他辅助器具比较传统，只是石碾子是两个碌子，并加装了两个投放胡麻籽的料斗。多点投放会使油料在碾盘上分布均匀。较之单一碌子、一只料斗的石碾子，这种形制很少见。董杰院长见了很兴奋，称之为“双轮驱动”。

（二）东胜区罕台镇灶火壕村油坊

在达拉特旗白泥井镇调查完之后，我们又对鄂尔多斯市东胜区的一处油坊进行了调查。除了笔者、董杰之外，还有当地的工作人员陪同前往。一行人 9 点出发，行约 10 余千米，到达东胜区罕台镇灶火壕村。村主任陈先生接待了我们，并向我们介绍了情况。

灶火壕村现有 720 余人，其中蒙古族同胞占比不到 5%，其余均为汉人。这些汉人多为“走西口”时期过来的陕西和山西人及其后代。

清光绪三十年至三十三年（1904—1907）政府招户放垦，府谷（今陕西省府谷县）的李玉成等人迁入此地，此地逐渐形成村落。“灶火”系蒙古语，意为“珠合”，汉语意思为“炉灶”。该村境内有一条沟，蒙古语原名为“珠合达布孙扎木”，意思是“运盐路上建有灶火”，民国初年汉人称之为“灶火壕”。但据调查得知，此村名原就是汉地名，是历史上府谷县向杭锦旗运盐的必经之路。因运盐的车夫在这里挖了许多临时做饭的灶火，故名“灶火壕”。

据考证，灶火壕不仅是一条盐道，更是陕西通往包头乃至蒙古国等地的商道，一直以来就流传有“用我的马牛骆驼羊换你的油盐酱醋茶”的说法。这条路将农耕文化和草原文化、中原文化、蒙古北疆文化紧密地结合起来，是一条蒙汉民族的团结之路，而灶火壕村正是多民族守望相助的实证。

该村地处早年的盐商古道上，秦晋人举家迁来，不仅带来了邻近地区的文化习俗，也带来了与日常生活密切相关的生产和生活技艺，他们在这里扎根、生存下来并逐渐发展壮大。他们的社会活动也对当地原住民产生了深刻的影响，蒙古族人的生活习惯逐渐改变，农耕文明的印迹也遍布在这片土地上。

目前散落在灶火壕村的老井、院落、油坊，都是当年的遗存。

村中有灶火壕寨，建于民国初年。当时，东胜地区的这片土地属于无人过问和管理的地方，这就给盘踞在“三壕之地”（柴登壕、板素壕、灶火壕）的土匪以可乘之机，他们大肆劫掠，给当地百姓造成极大危害，不少人被迫流亡他乡，连县政府也受到极大的威胁。鉴于这种情况，县政府请示上级批准，在各区成立保安队，同时发动大户修建寨子，购买枪支用以自卫。东胜地区

图 9-13　村中的老井，深 20 余米，石砌井壁，没有井圈

图 9-14　老井旁的讲解牌，记述了灶火壕村的前世今生

图 9-15　碉楼高耸的寨子

图 9-16　调研团队一行人在豆腐坊前合影

的蒙汉百姓纷纷响应，有钱出钱，有力出力，很快就建起了 30 多个寨子。

灶火壕寨于民国二十年（1931）由李明主持修建，在民众的支持下，于民国二十三年建成。这个寨子曾是东胜区东区区公所。它作为东胜区的一个屏障，在极大程度上抵御了土匪的袭扰，同时也为四处逃难的百姓提供了重整家园、恢复正常生产生活的环境。

寨中有一家豆腐坊，是一位女师傅掌灶。据介绍，这位女师傅是杭锦旗人，嫁到这里后由婆婆传授了制作酸汤豆腐的传统技艺。地道的老汤续接法在山西、河北等地十分普遍，该豆腐坊也采用了老汤续接法制作豆腐，豆腐品质不错。豆腐作为北方农耕文化的元素在这里生根发芽，可见从秦晋之地“走西口”过来的人们带来的这些技艺，深深根植于这片游牧民族栖息的土地，并在新的文化空间内赓续繁衍。

图 9-17　老油坊房顶一隅的“泰山”，有着醒目的秦晋之风

图 9-18　油梁全貌

图 9-19　码放油饼的支点处，其前方的方口地穴是放置油桶的地方

图 9-20　梁首，油梁由 4 根主梁拼合而成

图 9-21　油梁上面加载的石疙瘩

图 9-22　地沟槽

图 9-23　“大将军柱”，顶部用圆木顶实，向上就是油坊“泰山”处

图 9-24　尾部的拽子吊在滑轮上，用绞车拉动油梁升降

图 9-25　笔者在庞挨和油坊油梁的“二将军柱”前

图 9-26　笔者在灶火壕村油坊油梁的“二将军柱”前

村中还留有一间油坊，是陕西人开办的老油坊。很远便能看见房顶的“泰山”，它昭示着油坊所在。老油坊采用传统的油梁压榨技艺，所用主梁由 4 根长木组成，尾部有短木拼接。油梁长 13.6 米，首 4 根 0.8 米 ×0.7 米见方，“大将军柱”顶木到横木间 0.85 米，横木 0.65 米，油梁距离 0.85 米；“大将军柱”中部到头部 0.35 米，“大将军柱”中部到油饼中心间 2.15 米，“二将军柱”到油饼中心 1.1 米，“二将军柱”到尾部 8.1 米。

辅助器具有双碌石磨。碌直径 0.7 米，厚 0.6 米；中盘直径 1.4 米，下盘面 2.1 米，浅槽，深约 0.05 米，槽棒宽 0.12 米。石碌各附有一木制刮铲，压铲柄，石碌上粘黏的物料就会被刮下来。两个木制下料方斗呈锥形，底部一侧开有可封闭的下料口。这又是一个“双轮驱动”！

从调查的两家老油坊可以看出，同出于中原农耕文化的山西、陕西，其油梁压榨技艺一脉相承，从器具到工艺流程别无二致。

三、农耕文化向游牧文化的渗透进程助推制油技艺的传播

（一）移民使人口构成发生变化，进而推动农耕技术融入游牧文化

清代是中国人口发展史上的一个重要时期。清初，通过康雍乾三世的休养、发展，到乾隆年间，全国人口突破 3 亿大关。人地矛盾尖锐，大量内地贫民迫于生活压力而迁移。“走西口”“闯关东”“蹚古道”“下南洋”“赴金山”，近代几股大的移民浪潮都是以谋生为特点的非官方行为。

西口，狭义的西口指长城北的口外，包括山西杀虎口、陕西

府谷口、河北独石口，即晋北人、陕北人和河北人“走西口”的交汇点。西口是晋商、陕商出关贸易的地方，所以“走西口”的主力人群包括晋北人、陕北人和河北人。后来西口泛指在长城以北地区从事农业、商品交易的地方，包括陕西北部的神木口、河北北部的张家口以及归化城（今呼和浩特市）。

在明朝中期至民国初年400余年的历史长河中，无数山西人、陕西人和河北人背井离乡，他们打通了中原腹地与蒙古草原的经济和文化通道，带动了北部地区的繁荣和发展。

“走西口”这一移民活动，对内蒙古的社会结构、经济结构和生活方式产生了很大的影响。同时，占移民比例极高的秦晋移民，作为文化传播的主要载体，将秦文化、晋文化带到了内蒙古中西部地区，使当地形成了富有浓郁特色的移民文化。秦文化、

图 9-27　笔者敲响灶火壕村中的那口老钟

晋文化作为农耕文化的一部分，通过人口迁移，与当地的游牧文化相融合，形成富有活力的多元文化。这些都丰富了中国的文化。

而对口外的蒙古地区而言，内地大批移民的到来带来了较为先进的农耕技术，促进了当地农业的发展。移民的辛勤耕作将传统的农耕界线向北推移，当地单一的游牧经济发生变化，这些地区逐渐成为农牧并举、蒙汉共居之乡。大批经商务工者的纷至沓来，则刺激了这一地区商业的繁荣和城镇的兴盛。“先有复盛公，后有包头城。”“复盛公”是山西乔姓商人的商号之名，这句话凸显了昔日晋商与边塞城镇繁荣的密切关系。

“走西口”是一部辛酸的移民史，更是一部艰苦奋斗的创业史。一批又一批移民背井离乡北上，艰苦创业，开发了内蒙古地区。更重要的是，他们给处于落后游牧状态中的内蒙古中西部地区带去了先进的农耕文化，使当地的整个文化风貌发生了根本性的改变。伴随着“走西口”移民的进程，口外的内蒙古地区从传统单一的游牧社会演变为旗县双立、牧耕并举的多元化社会。在这一过程中，作为移民主体的山西移民做出了极大的贡献。由于山西移民在移民中占绝大多数，因而当地的移民文化更多地体现出晋文化的特色。也可以说，这是晋文化在这一地区的扩展。

人口的流动带动了文化的传播，而文化的传播又拉近了地区间的距离，增强了人们的认同感。“走西口”这一移民浪潮，大大促进了内蒙古中西部地区与中原腹地的交流，进一步增进了蒙汉两族之间的民族感情，对我们多民族国家的繁荣稳定产生了一定的积极影响。

（二）饮食结构悄然变化，人们对植物油脂出现了需求

干旱寒冷、四季分明的气候和独特的自然地理环境，促成了

蒙古高原上人们的传统饮食结构的形成。独特的草原生态环境为发展畜牧业提供了得天独厚的条件，因此这里有着丰沛的肉食和奶类资源。肉类营养丰富、热量大，能够满足蒙古人需要高营养、高热量的食物来补充体力的需求。

而随着中原地区的扩张和与农耕民族的交融，农耕活动进入了蒙古族人民的生活。起初，农作物也只是作为食物的补充形式出现在他们的餐桌上；后来，农作物的比例在他们的饮食中明显多了起来。清朝入主中原，京城汇集了全国各地的饮食精粹，形成了宫廷菜系，原来只用来水煮和火烤的牛羊肉等食材有了更为丰富的加工技艺，用植物油脂烹炒煎炸的美味食品也为各地满蒙贵族所青睐。

所以，这对于植物油加工制取技术的传播也是一个促进。

此外，还有一个重要原因是晋商的商旅活动带来了饮食习俗的变化，促进了农耕技术的传播。

作为移民主体的山西移民在此经商务工，对这一地区商业的繁荣和城镇的兴盛起到了促进作用。晋商的生活方式，特别是饮食习俗，亦为当地人们所效仿。晋、秦两地与农产品加工相关的

图 9-28　达拉特旗回程途中看到了心心念念的草原景色

传统技艺也为当地人所自然接受，进而传播和推广。

无论是压榨器具的形制，还是传承下来的技法，上述油梁压榨技艺都与秦晋地区一脉相承。有意思的是，早期胡麻的传入，应该是由西（北）向南推进；而把胡麻用作油料，以油梁压榨做油却是从南向北渗透。往来的交流、融合，成就了当下仍能所见的珍贵的传统油梁压榨技艺。

第十章 内蒙古锤榨制油制作技艺

2015年10月，笔者前往山东省曲阜市参加亚洲食学论坛，邂逅了来自内蒙古赤峰市克什克腾旗的王浩。在此之前，曾听内蒙古文化产业研究院院长董杰博士介绍过，王浩在做油。这次，王浩带来了他手工做油——锤打麻油的宣传材料。因此，笔者有幸得知克什克腾旗的一家老油坊仍在使用传统手工锤榨法进行榨油生产活动。会议期间，笔者与这家老油坊的主人王浩社长相谈甚欢，逐成好友。其后王浩多次相约笔者前往克什克腾旗经棚镇常善村老油坊，对这种古老的榨油工艺进行调查。

图10-1　2015年10月笔者、董杰与王浩（从左至右）在曲阜

一、常善村老油坊的历史渊源

王浩的油坊坐落在克什克腾旗经棚镇常善村，是一座传承了上百年的老油坊。在明清两代的大迁徙中，伴随着官方力量支持的农耕文化向游牧地区渗透，大批来自中原黄河农耕地区的汉族人进入克什克腾旗。大批汉族人的到来，不仅改变了当地的饮食习俗——在传统蒙餐的餐桌上出现了蔬菜；同时，也慢慢改变了当地的社会生产形态——农耕文化逐渐在游牧地区萌芽生长，农作物、油料作物得以种植和推广普及。其时，有山东孟吉星等人，将锤打麻油技艺传入此地，在常善村开办油坊，名号“常善沟油坊”。

据王浩讲述，胡麻油是当地的知名特产。直到 20 世纪二三十年代，克什克腾旗锤打麻油依然十分普遍，当时用这种方法榨油的小作坊遍布各个乡镇。1949 年中华人民共和国成立时，赤峰地区早已演进为农耕与游牧并举的社会生产形态，包括植物油脂制取和食用在内的农耕文化已深深根植于这片沃土。当时，这里的油坊的经营模式是周边的农牧民油料加工、互助生产的，加工费每斤一角钱；到了“文革”时期，油坊为生产队集体所有，改名“经棚粮油公司”，继续生产亚麻油，生产队给油坊的油匠记工分——大师傅一天可以拿到 14 个工分，合一天 1.4 元左右（在当时算得上是相当高的收入），榨油后的油饼渣要上交生产队。

后来，随着机械化进程的推进，传统手工做油受到极大的冲击。到 20 世纪 80 年代中期，这种手工做油的旧式油坊基本上都关了门。

据王浩回忆：“常善村最早采用古法榨油的是王油匠，之后是温油匠，但现在我们能记得的就是邵学如和刘全海、宋常春、邵国发。”目前，可以追溯的传承人有：

孟吉星

……

温喜贵

孟兆起、王玉海

王浩、尹海岭

祝建辉、任建军、邵序军、刘国成

目前在世的老油匠，也是王浩的师父们，是他的继父孟兆起和舅舅王玉海。孟兆起和王玉海从二十几岁时就跟着师父学榨油。孟、王二人的师父名叫温喜贵，山东巨野人，曾在附近的光明村榨过油。据王玉海介绍，他向师父学榨油时，师父就已经60多岁了。

图10-2　王浩和孟兆起在榨前

传统的锤榨技艺包括二十多道工序，主要包括油料备制、蒸料打包、码垛入槽、锤打制油等。用人力锤击木楔，进而挤压油饼将胡麻籽油脂榨出，这种手工制作的胡麻油口味纯正，能最大限度地保留住原料的营养成分。2014年，在孟兆起和王玉海的大力协助下，王浩恢复了老油坊的生产。他们用古法生产的胡麻油——“捶打麻油”声名鹊起，成为当地的一张名片。

图 10-3　董杰、王浩、笔者（从左至右）在合作社门前

图 10-4　笔者在老油坊前

图 10-5　常善村的汉子王浩，驻守着老油坊

二、传统手工锤榨技艺

（一）油料

亚麻，俗称“胡麻”，植物学上属亚麻科亚麻属的普通亚麻种，一年生或多年生草本植物。胡麻的植株一般比较矮小，分茎和分枝数较多，茎秆较粗，纤维含量较低，株高通常在 60 ~ 85 厘米，籽实千粒重在 6 克以上，含油率较高（38% 以上），主要

图 10-6　遍地生长的亚麻

用作油料。克什克腾旗地处辽阔的内蒙古高原，得天独厚的地理环境使这里空气清新，光照充足，水质优良，年积温 2 900℃～3 400℃，为胡麻、苏子等油料作物的生长提供了得天独厚的自然条件。

常善村距克什克腾旗经棚镇人民政府大约有 20 多千米的距离，王浩在这里创建了呼德艾勒农民合作社。“呼德艾勒”在汉语中的意思是“乡下的家”。王浩是社长，他聚集了百十名镇上的农牧民，主要从事亚麻（胡麻）、油松、苏子等油料作物的有机种植。因为亚麻适应能力强，比较好种，所以王浩的油坊主要

图 10-7　合作社的人在播种亚麻

图 10-8　播种机槽内的亚麻种子

图 10-9　王浩在驾驶播种机种植亚麻

图 10-10　合作社的人在收割亚麻

图 10-11　人们用连枷击打亚麻脱粒

图 10-12　拖拉机碾压

做手工锤榨的亚麻油，春季播种、秋季收获，合作社所种植的油料基本能满足油坊的需求。

（二）锤榨器具

1. 榨具

《王祯农书》中记载："油榨：取油具也。用坚大四木，各围可五尺，长可丈余，叠作卧枋于地。其上作槽，其下用厚板嵌作底盘，盘上圆凿小沟，下通槽口，以备注油于器。"[①] 这段文字精练地描述了制油的工艺及卧槽式和立槽式油榨的基本构造。该书的农器图谱中有一幅榨油工具图（见图 10-13）。这是我国古代榨油器具最早的一幅图样。明代徐光启在《农政全书》中也绘有榨油图，其所绘榨油工具的结构与王祯描述的基本相似。

① （元）王祯撰，缪启愉、缪桂龙译注：《农书译注》，齐鲁书社 2009 年版，第 574 页。

图 10-13 《王祯农书》中的榨油工具图

王浩传承的古法榨油技艺所使用的榨具就是上述这种卧式木榨。只是王祯所记载的木榨榨槽放置在地表（"卧枋于地"），而王浩的锤榨油槽则是嵌入地沟，框出了王祯所述的"卧枋"，由

图 10-14　王浩所用木榨的榨槽

两块厚实的木质槽帮贴住地沟两壁。这就加强了榨槽的抗压力度，使两侧在木楔的捶打、挤压过程中，能够承受巨大的冲击。

王浩油坊的油槽有一个十分响亮的名字——榨龙！它的一端竖立着一座木质的龙门架，架子上垂下两股绳子，在排放垛子和油排时，人搭着绳子吊在空中，双脚用力向下蹬踩油排，将油排踹入“榨龙”中，这番操作叫“踹排”。

2. 辅助器具

辅助器具主要包括油料加工器具、麻包编织工具、锤榨工具、油锤。

油料加工器具有扇车、生料槽、磨（以前是石磨，现在改用电磨）、蒸料槽等。

麻包编织工具有纺车、织机等。

锤榨工具有木杵、筐箩、平板油排、木楔、油锤等。油坊中的木质工具多是用当地特有的桦木和枫木制成的。

油锤由 4 柄不同重量的木柄铁头的大锤组成，最重的那柄有 80 斤，最轻的也有十几斤。在上榨的不同环节，油工会选用不同

图 10-15　用扇车吹去杂物

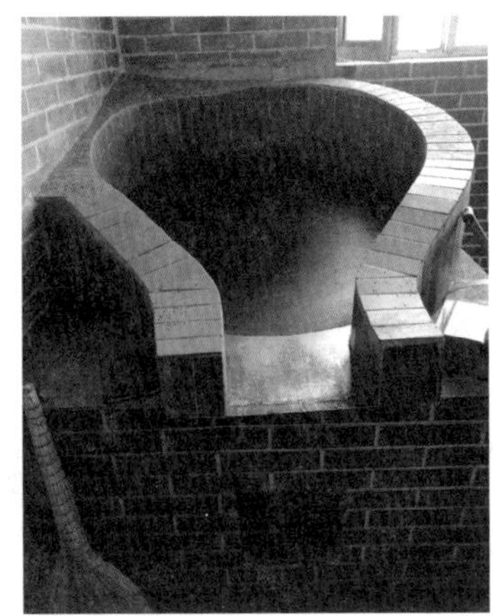
图 10-16　生料槽

图 10-17　电磨粉碎

图 10-18　粉碎后的油料

图 10-19　烘焙池

图 10-20　蒸料池

图 10-21　纺车

图 10-22　织机

图 10-23　当地生长的五角枫树，又名“色树”，其木材可用来制作木楔等工具

图 10-24　从左至右依次为四平头垛、油排、木楔、油锤

的油锤来操作。笔者曾经试着用最轻的大锤来捶打木楔，运足力气抡也就只能捶打三四下，至于最大号的大锤，也只能看着“王浩们”神气地舞动了。

图 10-25　系着红布的油锤

（三）制作过程

1. 开榨祭礼

每年开工的时间一般选在秋收完后的农闲时节，没有固定的日子。在每年开榨前，老油坊都要举行虔诚的祭油锤仪式。

仪式第一项就是请油神。将油神的化身——3 柄上百年的老油锤从常年供奉的地方请到油房来，摆放在长条祭案上。条案上方供奉着农神伏羲氏。由此可见，农耕文化在这片曾经属于游牧区的地方渗透程度之深！条案上摆放着几盏麻油灯，上香时，就用油灯的灯火来点燃香。老油锤锤把儿上系着红绸布，寓意油坊生意红红火火。请到油神，主持者便宣布祭油神开始。早先的主持者是王浩的父亲，后来是他的大舅王玉海，现在则是王浩本人。

主持人点燃三炷香，全体工匠列队而立，主持人高声宣读祭油神词：

“油锤大，油锤圆，油锤伴随保平安，锤起锤落锤头稳，锤打麻油代代传！”

唱诵完毕，众工匠开始上香。接着，由主持人倒酒，众工匠饮“开榨酒”。这时，主持人从祭案上取下一只油锤，在油楔上面砸三下，率众油工高喊：“油锤保佑我们顺顺利利，万事如意，多出油，出好油。开榨！喝开榨酒！”

饮罢开榨酒，主持人宣布榨油开始。一年的开榨季就在这隆重的气氛中开始了。

祭祀仪式气氛庄严，人们的祈祷中不仅有通过榨油获得美好生活的企盼，也包含对先人传续下来的这门技艺的敬重。祭拜仪式后，还要将油神送回常年供奉的地方。工匠们日常也时有祭拜。

早先，除了油匠，别人是不可以进入油坊的，尤其是女人更为油坊的禁忌。现在，为了让人们更好地了解古法榨油的各道工序，祭祀仪式也可以有外人观礼。锤榨做油的主要工序有：炒料—研磨—烘焙—蒸料—打包—上榨—捶打—清包。

图 10-26 祭祀仪式

图 10-27　王浩行开榨礼

2. 炒料

《天工开物》中对炒料的过程有如是记述："凡炒诸麻、菜子，宜铸平底锅，深止六寸者，投子仁于内，翻拌最勤。若釜太深，翻拌疏慢，则火候交伤，减丧油质。炒锅亦斜安灶上，与蒸锅大异。"[①] 王浩老油坊炒料的基本工序与宋应星所述大致相同。

炒料工具有生料槽、木杵。

生料槽，实际上是一口斜面平锅，由火塘和料槽两部分组成，是用当地的石料砌筑而成的。火塘的高度基本上与负责炒料的师傅的腰部同高，这个高度便于师傅翻炒生料；料槽的底面是倾斜的，远高而近低，油料在翻炒过程中木铲翻动油料向远端推撒，油料沿着斜面缓缓摊开，亚麻籽翻滚着向下滑落，这样的炒锅设计保证了油料受热均匀；槽帮在近端（低处）开有一段豁口，便于投放和收取油料。

炒料主要是为了去除亚麻籽的呛味，预热料胚，降低水分，便于碾压。具体操作是将精选后的亚麻籽放入生料槽内翻炒，当

① (明)宋应星撰，潘吉星译注：《天工开物译注》，上海古籍出版社 2016 年版，第 81 页。

图 10-28　翻炒亚麻籽

闻见有香味溢出时立即出料晾晒。全部晾凉之后，再研磨粉碎。负责炒料的师傅要会看火候，火候大了或小了都会影响出油率。其实操标准正如《天工开物》所记载的“文火慢炒”，这样才能榨出又香又纯的油。为了保证所有原料均匀受热，王浩老油坊里的炒料是在生料槽中翻炒的。炒熟的亚麻籽比生亚麻籽颜色更深，也更有光泽。

3. 研磨粉碎

传统工具有石磨、筐箩。

炒过的亚麻籽全部晾凉之后，要用筛子筛去秸秆等杂质，倒入石磨上方的漏斗中碾碎，磨好的碎料要成粉状。研磨过程中要随时检查石磨上方漏斗里是否有残余的杂物，防止堵住漏斗口。目前，王浩已经用电磨代替石磨。

4. 烘焙—蒸料

烘焙的目的是调节油料胚体的水分和温度，使料胚适应下一步的锤榨。这是提高出油率的重要环节。磨成粉的亚麻籽被倒入烘焙池中，加入适量的水后进行烘焙。其间，要用大、小钉耙不停搅拌，打碎成块的亚麻籽粉。烘焙的温度不用很高，时间长短也没有固定要求，全凭油匠靠经验判断，一般在七八个小时。接下来，在蒸料池中铺放屉布，将烘焙好的油料装入蒸料池，用钉耙、木杵等将原料铺平，以便其受热均匀。这道工序讲究“拔均匀，上原气”，最后是高温蒸制。王浩老油坊蒸锅底下的水一直都处于沸腾状态，蒸制时间没有固定要求，一般是 20 ~ 40 分钟。据《天工开物》记载，这里是“蒸气腾足”即可，没有指出具体控制水分的条件。开工期间，油坊中的烘焙池是全天生火加热的。为了防止烘焙时间过长，油匠要连续工作。蒸料的过程，其实就是前文中提到的“汽代”的过程，经过这一环节，后面人力锤榨的效果才能更好。

说到这个工序，还有一个背景我们应当有所了解——中华人民共和国成立不久，全国开展了油脂增产运动。众所周知，我国的土法榨油有着数千年的历史，无数榨油匠人经过摸索，积累了许多宝贵经验。但这些经验历来是师徒口口相传，一切停留在感性认识阶段，没有理论说明和科学根据，没有一定标准，这致使榨油技术停滞不前。为满足人民生活和工业生产的需要，政府组织了旨在提高出油率、发掘新油源、提高油脂产量和生产技术水平的全国性工作。20 世纪 50 年代初，我国东北几家大豆加工厂对“豆饼车”榨油全过程进行试验，总结成“李川江大豆榨油操作法”，其关键在于预处理时实行“两低两高，以水定汽”，水分高的时候温度高，水分低的时候温度低，以此调节蒸汽，使入榨豆坯达到最佳的温湿度（水分 11%，温度 100℃以上），压榨时施加的压力由轻而重、轻压勤压。当时，此法在全国范围内有很大的影响。

在蒸制环节，师傅们一面遵循上述法则，一面参考“李川江

图 10-29　烘焙油料

图 10-30　蒸料

大豆榨油操作法”，采用不断用手感受蒸锅上方蒸汽温度的方法确定原料蒸制程度，火候掌握的标准是表面见蒸汽冒出但不能让蒸汽冲透油料。

5. 打包

工具有油包、板木杵、麻线垫子。

“蒸气腾足取出，以稻秸与麦秸包裹如饼形，其饼外圈箍或用铁打成，或破篾绞刺而成，与榨中则寸相吻合”[①]，将取出的

①（明）宋应星撰，潘吉星译注：《天工开物译注》，上海古籍出版社2016年版，第81-82页。

图 10-31　装料入包

图 10-32　用木杵将油料压平、用平板将麻包压平

图 10-33　打包好的油饼

图 10-34　给油饼上铁箍

油料包在用稻秸或麦秸织成的油包中，制成饼状，外层套上铁圈固定，这就是《天工开物》中描述的古法榨油至关重要的一步——装包，也叫“制坯”。（如图 10-31）油坯的薄厚直接影响出油率。这一步中，最重要的是要“疾倾，疾裹而疾箍之”，即制作油坯时要快，不能让油料的热气散尽。《天工开物》用当时通行的理论解释了这样做的原因：“凡油原因气取，有生于无。出甑之时包裹怠慢，则水火郁蒸之气游走，为此损油。”[①] 这里的气指的就是白色的蒸汽。快速装包是为了保持入榨温度和水分，从而保持出油率。尽管当时的人们还不能真正理解炒料蒸料过程对油料内油分的影响，但是他们已经从实践经验上认识到了这些工序对油的质量及产量的重要性。

① （明）宋应星撰，潘吉星译注：《天工开物译注》，上海古籍出版社 2016 年版，第 82 页。

6. 上榨

包坯进榨包括摆垛子、放垛子、捶打等 3 个环节。工具有油排、木楔、麻线垫子、铁链、麻绳、油锤等。

（1）摆垛子

将榆木托板放在榨槽里，为防止跑坯，还要在托板上放一块麻线垫子。把制好的包坯摞放在垫子中间，以 12 个为宜。每放

图 10-35　安放油饼

图 10-36　摆垛子

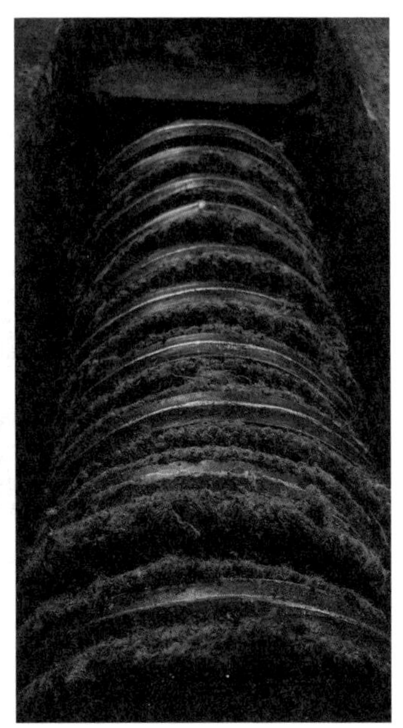
图 10-37　放垛子

一个包坯，都要注意与之前的包坯对齐。最后在最上面放一个木板压实，并用绳子将四角紧固。

（2）放垛子

把包坯倒放在榨槽里，用尽可能多的油排将两端固定，直到不能再加油排为止。有时也会踹排，即用铁棍在油排之间撬出缝隙放入油排，人站在上面将油排踹进去。为了防止左右跑坯，人们也会在油坯两侧放木楔固定。

7. 捶打

固定好油坯之后，在油排缝隙中安置木楔，依次用重 20 千克、30 千克、40 千克的油锤捶打，依靠物理压力，使油汁浸出。捶打后，油汁会持续流淌一段时间。当油完全控净后，卸下之前的木楔，换上更粗的木楔进行第二次锤榨，反复过程大约持续 4 小时——这就是前面所说的“压榨时施加的压力由轻而重、轻压勤压”的具体施用。反复捶打的过程与《天工开物》记载的

图 10-38　人站在上面将油排踹进去

图 10-39　用木排和木楔抵住油饼

图 10-40　用尽可能多的油排将两端固定

操作方法相同：“凡胡麻、莱菔、芸薹诸饼，皆重新碾碎，筛去秸芒，再蒸、再裹而再榨之。初次得油二分，二次得油一分。若柏、桐诸物，则一榨已尽流出……”[①]《天工开物》中还记载了不同油料的出油率，其中“亚麻大麻仁每石得油二十余斤”。明朝时的一石约为现在的 94.4 千克，一斤约为现在的 596.8 克。由此可知，当时亚麻籽的出油率约为 12.64%。王浩的老油坊一天大概能榨 300 千克油料，出油 75 千克左右，每年榨 3 个月左右。一个油匠师傅说：“从蒸料到出油结束大概要四五个小时，每班两个人，每天两到三班。”经过反复捶打，控净油汁之后，师傅

①（明）宋应星撰，潘吉星译注：《天工开物译注》，上海古籍出版社 2016 年版，第 82 页。

图 10-41　捶打

图 10-42　出油

们会使用现代工艺将获得的亚麻籽油进行提纯和精滤，以保证产品符合食用油卫生标准。

8. 清包

清包是古法榨油技艺的最后环节，即待油全部控净之后，卸下油坯，清理油包中的油渣。这些油渣经过粉碎后，可用作饲料喂养牲畜。

（四）编织麻包

编织粗麻是一种在内蒙古地区广为流传的技艺。编织麻包从侧面反映出克什克腾旗老油坊的锤榨工艺在一些环节上吸收了内蒙古地区的传统典型技艺。从这一方面说，内蒙古锤榨制油技艺是蒙汉两族传统技艺融合的产物。

赤峰克什克腾旗地处内蒙古东部，有这种编织麻织品的技艺（图 10-50 到图 10-52）。西部的阿拉善左旗亦有这种技艺（图 10-44 到图 10-49）。现将两地的编织技艺细节通过图片做一对照。

图 10-43　2016 年 5 月，笔者和考察团成员在阿拉善左旗定远营（今巴彦浩特镇）受到当地蒙古族同胞的欢迎

图 10-44　蒙古族同胞在编织麻片（定远营）

图 10-45　编结花本（定远营）

图 10-46　打纬（定远营）

图 10-47　绕麻线（定远营）

图 10-48　织出有纹饰的麻片（定远营）

图 10-49　织机全貌（定远营）

图 10-50　王浩老油坊中的织机（克什克腾旗）

图 10-51　编织麻包（克什克腾旗）

图 10-52　麻包成品（克什克腾旗）

三、与南方楔榨的比较

无论是常善村王浩所用的锤榨技艺，还是其他形制的木榨，在北方地区都不是很普遍。在前些年调查的过程中，笔者听说山东青岛地区曾盛行楔榨做油，使用的是类似于南方榨的榨具，但在 20 世纪 60 年代即已中断。近年，相关部门计划恢复这项传统技艺。这几年来，笔者对南方进行了重点关注，特别是黔桂地区的传统做油技艺。现结合田野调查所见，将王浩老油坊的锤榨制油技艺与南方的楔榨制油技艺做一比较，以求对我国主要的传统做油榨法做一全面审视。

（一）飞锤榨

广西桂北及贵州黔东南地区的侗族、苗族、壮族、瑶族均有类似器具。飞锤榨榨体较大，撞杆也很长，因此这类油坊的面积通常是使用雷公榨的油坊的四五倍。这种木榨和《天工开物》所

图 10-53　吴氏油坊的水碓：溪水从油坊下面流过，推动水车，带动油坊内的水碓碾压茶果，将油料粉碎

载之南方榨基本相仿。油槽木为樟木质材，主体分上下两半。入榨前，上半部分移开，油饼入榨后加上推子顶在油饼后面，再将两部分榨木对合。上楔时，码放好方木后将楔子从侧方楔入。飞锤榨的撞杆用的大多是当地木料，体型很长，而不像浙江等地用的沉重的石质油锤。我们看到的使用飞锤榨的油坊中，以广西龙胜县的一家侗族油坊所保留的器械和技艺相对完整。现笔者以此为例，说明其构造和操作方法。

我们所考察的这座油坊的主人吴氏，系侗族人。据他讲述，祖辈的时候，这里的瑶族、壮族和侗族人在制取茶油时基本上使用木制楔榨。当时，他们的村寨里面有四五家油坊（一般是单榨），都是十几户人家共同出资、出力建的，主要榨茶油和菜籽油。这些油坊使用水碓或畜力拉动的石碾粉碎油料（吴氏油坊使

图 10-54　飞锤榨

图 10-55　笔者现场实操

图 10-56　撞杆的连轴

用水碓）。目前油坊中使用的木榨，是吴氏从一个壮寨中收购来的。吴氏的老家在深山里，当地做茶油使用的木榨和这种楔榨形制是一样的。从吴氏的介绍中得知，20 世纪末 21 世纪初，机榨普遍代替了手工制油，很多木制榨油器械也被当作一般木料出售了。

原料的初加工——做油饼。《王祯农书》记载，“凡欲造油”，先用大锅炒芝麻，炒熟后，用石臼舂捣，或者用碾子碾压，充分粉碎，而后用草包裹起来，做成“油饼”，贮存备用。《天工开物》中记载，将粉碎后蒸过的原料“以稻秸与麦秸包裹如饼形，其饼外圈箍或用铁打成，或破篾绞刺而成，与榨中则寸相吻合”。这里明确记述了打包时要用的饼圈和加固用的（铁）箍。吴氏油坊做油饼的情形大致如此。每年 10 月下旬开始，山上的油茶果成熟了，人们分片采摘，回到家将茶果挑拣后堆起来，沤掉表皮，这很像核桃、银杏果实的初加工。共同使用油坊的人家会约定好各自的使用时间。用碾子（水碓）粉碎，基本上各家都能够独立完成；榨取过程往往需要与其他家合作，一般需要壮劳力 5 人，分别负责上榨和开榨，而蒸做油饼的工作妇女也能够参加。

现存的木榨两端各有基座，榨体长约 380 厘米，半径约 63 厘米；半圆形的油槽壁厚 18 厘米，最宽处约 45 厘米，与油饼相吻合；油槽内靠近开口的地方纵向镶有两根铁条——宽 2.3 厘米，厚 0.4 厘米，与木榨等长，被油脂浸泡得十分光滑，是用来减少摩擦力的；上下两半间的开口与方木等高，15 厘米；楔子木长 155 厘米，承受撞击部位包有铁片（为 16.5 厘米 ×11.5 厘米矩形），远端较窄（为 7 厘米 ×15 厘米）；撞杆长 585 厘米，截面为边长 16 厘米的正方形，撞击部位包有铁皮；在距撞极端 72 厘米的地方装有木质连杆，由长 17 厘米、宽 3.5 厘米的铁条相连接，约有 400 厘米，直达屋顶悬挂处。

油饼每次上榨后，都要再碾压一番，以求榨取更多油料。

我们了解到几家使用飞锤榨的油坊，出油率一般不足三成，大概在二两七八钱的样子。但是，黔东南地区早期村寨中的油坊基本上能够自给自足，每家一年需要的几十斤油一天就能够榨出。而且他们也不追求速度，榨好一两家的油就休息了，第二天接着榨。一些寨子没有油坊，人们就要到邻近有油坊的村寨去榨油，且每年去榨油的油坊相对固定，彼此间人际关系也很好。

飞锤榨是桂北和黔东南地区使用得很普遍的榨具，集体化时期合作社合并来的粮油加工厂也基本使用这种榨具。

（二）雷公榨

笔者在贵州从江、锦屏等地看到了雷公榨这种很特殊的榨具，苗族、侗族都有这样的雷公榨，在操作上也一样。笔者现以从江县岜沙苗寨所见的油坊为例，介绍这种榨具。

岜沙苗寨距从江县城 7.5 千米。传说苗族的祖先蚩尤有 3 个儿子，岜沙人就是他第三个儿子的后裔。当年蚩尤被黄帝打败，率领部落人民开始了向西南的千年长征。岜沙苗族的祖先就是大迁徙的先头部队——九黎部落的一支。他们开山辟路、鏖战熊罴，勇武之至。岜，“巴茅草茂盛”的意思；沙，“杉树多”的意思。苗语又称“分送”。苗语的“分”，汉语意为“村寨”；“送”，即是“黎平”。民国年间，岜沙隶属玉堂乡第七保；1953 年，归属龙江小乡；1956 年建社时，名为忠诚农业合作社；1957 年，隶属丙妹镇；1958 年，隶属丙妹公社，名为岜沙生产队；1984 年 8 月，名为岜沙村；1993 年“撤并建”后，归属丙妹镇。21 世纪初，全村 371 户，约 2 061 人，操苗语——属于汉藏语系苗瑶语族苗语支。寨中的建筑为干栏式吊脚楼，多为两层。以杉树皮盖屋顶的居多，少数以青瓦、茅草等盖屋顶。火塘是家庭的主要活动场所，故而火塘的面积占房屋总面积的一半以上。二层的前面部分是走廊，廊前吊瓜柱，中部凿孔，置晾杆，供晾衣服和晾布用。底层圈养牲畜。路边建有禾晾，高约 10 米，供秋天收晾挂糯禾把用。

岜沙有 5 个古老的自然寨，分别叫作老寨、宰戈新寨、王家

图 10-57 雷公榨

图 10-58 推沟尖

图 10-59 提楔

寨、大榕坡新寨和宰庄。这里可能是我国保存最完好的苗族远古部落。在贵州，很多比从江县更偏远的侗乡和苗寨都已不同程度地受到了外来文明的影响，但这支名叫岜沙的远古苗族支系，却顽强地坚守着自己古老的风俗，被人们称为“最后的枪手部落”（国家有关部门批准岜沙男子可以佩猎枪）。

岜沙男人非常重视他们的发髻，并终生保持这种发式。“发髻”在岜沙苗语中称为“户棍”，这是男性装束中最重要的性别标志。这种发型的标准式样是：剃掉头部四周大部分的头发，仅留下中部盘发为鬏髻。

岜沙周围的山被茂密的森林覆盖。自古以来，从江、锦屏地区就是传统的木材基地，早期封建统治者修缮皇宫所需的“皇木”便是从这些地区征调的。雷公榨这种独特的榨具对木料的要求较高，一般要求木料的直径在 80 厘米以上。对于这些地区而言，巨型树木到处可见，故获取制作雷公榨的原料便不是什么困难的事情了。

岜沙人是采用畜力拉动石碾来粉碎油茶果的。粉碎后的油料被放入竹制的蒸子里面，架在锅里蒸。

雷公榨由独木制成。从上方榨口入榨，油饼入榨后顶上推沟尖，推沟尖后面从侧方开口顶上方木，即可开榨。上楔是从上方

图 10-60　竹制甑子

测量数据（单位：厘米）
长：　—225
首部：64×56；尾部：58×49
上面：距首部58——上榨口（115×19）——52
侧榨口：63×14.5
内径：24—30，首部：34
出油孔：距前端7，居中，孔径：7
质材：枫香木
推沟尖：顶圆，径29；底方，20—17×13；长41.5
　　圆柱部分：高7，斜面：6
　　把长：24
提楔：50×14×8；把长：13，有冲击凹陷：高，13.5，深度：1.5

图 10-61　测量雷公榨所得数据

插入楔子，以人力挥动石质油锤敲击上方楔子。油锤一般在 15 千克左右，由 3 个人轮流击打。油槽的前端下方开有出油孔，油脂由此流入油桶。

在贵州省锦屏县隆里古镇，在县文史馆同志的帮助下，我们了解到该地区的一些早期榨油情况。

在这一地区，榨油原料以茶籽、菜籽为主，山核桃次之。榨具为楔榨，以飞锤榨为常见。烘籽用焙笼（甑子），粉碎用碓舂、水碾、旱碾（以畜力推动）等。

隆里地区是油茶和山核桃产量较多的地区，水口、龙额、黄堡、中黄等地均有私人建的油坊。在农业合作化运动中，油坊逐步由社、队集体经营，除了为百姓榨油外，还为国家加工油脂。1959 年，全县共有油坊 52 个，安装土榨 52 台，其中国营油榨 17 台。榨油工人 328 人。1952 年 8 月，县粮油加工厂建立。1959 年，粮油加工厂使用 60 型榨油机加工油脂，为当地机榨油开端。1969 年，社、队油坊开始使用螺旋榨油机、手摇液压榨油机、菜籽粉碎机等榨油机械。至 1982 年，全县各社、队共有各种榨油机 199 台。1984 年，县粮油部门拥有 95 型榨油机 17 台，90 型榨油机 19 台，60 型 1 台，飞锤榨 2 台，年生产能力 1 471 吨。

隆里地区的榨油发展情况具有代表性，其他地方与其基本相似。

从工艺流程上看，这里所使用的技艺与王浩的油坊所用的工艺别无二致，只是飞锤榨是木榨榨槽，榨槽在地标之上；而锤榨榨槽埋于地下。西南地区的这种木榨制作时采用的是木质整料，这完全是因为当地木材资源丰富。整料制作的木榨坚实耐用，能够抵抗飞锤的撞击和木楔的涨压，而锤榨榨槽用的不是整料，故要依托地槽侧壁的支撑才能抗击打。但是，正是因为考虑到击打强度，锤榨的地槽单次上榨量要比西南地区的飞锤榨多近一倍。

从南方木榨的榨具和技艺上看，王浩继承的锤榨法可以说是对应的“北方榨”。形制上，雷公榨与锤榨最为相近。南方木材资源得天独厚，实木榨具是北方锤榨技艺难以企及的。从工序上看，南北基本一致。特别需要指出的是，南北的榨油技艺都属于中国特有的热榨技术体系。

尽管榨油技艺古今有异，南北不同，但技术传统一致，各种风格的技艺殊途同归，异曲同工。

第十一章 京西水煮法手工制油技艺

明代科学家宋应星在《天工开物》中系统总结了我国古代植物油脂制取的技术：“凡取油，榨法而外，有两镬煮取法，以治蓖麻与苏麻。北京有磨法，朝鲜有舂法，以治胡麻。其余则皆从榨出也。”[①] 其中，“两镬煮取法”便是本章论述的传统手工制油重要技艺——水煮法。

①（明）宋应星撰，潘吉星译注：《天工开物译注》，上海古籍出版社2016年版，第79页。

水煮法制油技艺，是北京西北地区具有典型农耕文化内涵的代表性技艺，也是我国特有的手工技艺，具有较高的历史文化价值。即便是在机械化高度发达的今天，传统手工制油技艺所承的内在技术传统依然被沿用，因此水煮法制油技艺具有较高的工艺价值。用水煮法制取的油取材于无任何农药残留的自然油料，经过无任何添加剂的水煮法熬制，是天然油脂，在提倡绿色无公害的今天可谓具有非常强的实用价值。

魏晋南北朝时期，植物油的食用就比较普遍了。据北魏贾思勰《齐民要术》记载，当时的人已把芝麻油、菜籽油和麻子油用于饮食烹调了。

核桃，又称胡桃、羌桃，胡桃科。据考古发现，在河北省武安市距今约7 330年的原始社会遗址（新石器时代）的出土文物中有炭化核桃的标本，这说明我国华北、西北栽植核桃已有7 000多年历史。

北京西北山区果木繁茂，优质油料资源丰富。在长期的历史发展过程中，当地民众在煮制核桃酱、杏仁酱的过程中，掌握了从果实中提取植物油脂的技法，由此发明了以水煮法制取植物油的技艺。这项技艺被当地人广泛用于制取核桃油、杏仁油。

一、延庆地区的调研

2017 年 8 月 9 日，北京市延庆区正式开始启动非物质文化遗产项目的普查工作。参加普查的人员以早期的基层文化宣传人员为核心，以各村文化宣传员为依托，开展逐片普查。其后，对普查人员进行了相关的培训。9 月初，开始非遗类项目挖掘。笔者作为专家团队成员之一，参与了普查工作，对该地区的植物油脂制作技艺进行了深入的田野调查。

笔者先后走访了大庄科乡小庄科村、珍珠泉乡庙梁村、八达岭镇帮水峪村、四海镇菜食河村等地，对当地的水煮法手工制油技艺进行了调查。其中，大庄科乡小庄科村的技艺具有比较突出的代表性，本书将以此为例介绍当地的水煮法制油。

入小庄科村调查的团队成员除笔者之外，还有张义、池尚明、崔东升等，都是当地长期从事文化宣传的人士。他们不仅熟悉当地风土人情，对深藏在乡土中的诸多传统技艺也是了然于胸。调查的对象就是崔东升老师的母亲沈恩凤女士。沈恩凤，1952 年生，娘家在大庄科乡旺泉沟村。沈恩凤是当地有名的巧手，水煮法制油、杏仁醋制作等均能熟练上手。

（一）技艺传承情况

目前，水煮法制油在延庆很多地方都成了传说，很多人甚至不曾听到过，偶尔有人知道，也只是听说。但是，在大庄科乡，很多 50 岁以上的人都知道这一技艺，不过少有人亲眼见到过。

70 岁左右或是年龄再长一些的妇女中有人做过，但大多也多年不做了。由于老年人食素的需要，此技艺在大庄科乡小庄科村一直传承至今。

此技艺可以追溯的第一代传承人为沈恩凤的外祖母于孙氏。于孙氏是大庄科乡厂房沟村人，嫁到了大庄科乡旺泉沟村。为了提高生活质量，她每年都要做水煮山核桃油或是杏仁油，她的三个女儿自然而然地把制油手艺传承下来。然而，二女儿早逝；大女儿嫁到怀柔，也没有把这项技艺传承下来；只有三女儿于长荣把这项技艺给传承了下来。

第二代传承人于长荣，于孙氏的三女儿，1917 年生，1998 年过世。她带着手艺嫁到了大庄科乡小庄科村，和同会熬油的妯娌嫂子张荣一起研究熬油。张荣是大庄科乡车岭村人，1905 年生，1992 年过世。由于妯娌两人互相学习，技艺在以往经验的基础上有了新的长进，两人经常帮助其他人家熬油。

第三代传承人沈恩凤，于长荣的女儿，1952 年生，自幼和母亲一起熬油。改革开放后，有了经济来源，又忙于各种劳作，村里很少有人再熬油了。然而，张荣吃惯了核桃油，从不吃荤，也不喜欢吃买来的油。因为几十年的生活习惯难以改变，所以她的独子沈恩成每年都会给她捡山核桃，用来熬油。沈恩成没有娶妻，张荣晚年熬油就靠同村的侄女沈恩凤来帮忙。沈恩凤得到了母亲和大娘的指导，技艺更为娴熟。

近几年，为了吃到放心油，也由于儿子崔东升的好奇，沈恩凤装上了祖辈遗留的石碾，又开始熬油了。

第四代传承人崔东升、张永梅、崔东旭。三个孩子和沈恩凤一起熬油，体验着熬油带来的乐趣，同时也吸引了其他人参与其中。

表 11-1　小庄科村水煮法手工制油技艺传承谱系

代数	姓名	传承方式
第一代	于孙氏（1895—1968）	家庭或邻里
第二代	于长荣（1917—1998）	母女传承
第三代	沈恩凤（1952.02）	母女传承
第四代	崔东升（1973.11） 张永梅（1976.10） 崔东旭（1980.08）	家族传承

图 11-1　前排左起沈恩凤、笔者，后排左起池尚明、崔东升

图 11-2　山核桃、家核桃、麻核桃（从左至右）

（二）水煮法手工制油的方法

水煮法手工制油的过程主要有三个阶段：准备阶段、熬制阶段、后期处理阶段。

1. 准备阶段

（1）食材选择

水煮法制油需要的核桃或杏仁量比较大，一般不做挑选。如果挑选的话，核桃要选择个大、果仁饱满的，杏核要挑选核小、果仁饱满的。原材料在充分风干后，放在阴凉通风干燥处储备使用。这样能存放两三年不变质，不生虫。熬油最好用当年产的材料。如果当年没有收成，往年没有变质的材料依然可以使用。

（2）水煮法制油的油料

延庆区位于东经 115°44′—116°34′，北纬 40°16′—40°47′，东与怀柔区相邻，南与昌平区相连，西面和北面分别与河北省怀来县、赤城县相接。延庆区属大陆性季风气候，是温带与中温带、半干旱带与半湿润带的过渡地带。其气候冬冷夏凉，年平均气温 8℃。最热月份气温比承德低 0.8℃，是著名的避暑胜地。大庄科乡位于延庆区东南部深山区，距城区 40 千米，东南与怀柔区九渡河镇为邻，南与昌平区十三陵镇接壤，西、北分别与延庆区井庄镇、永宁镇毗邻。所在区域果木资源丰富，核桃、杏仁等油料资源质量上佳。

大庄科地区的核桃、杏仁等在整个区内是最有名气的。这里的山核桃树和苦杏仁树数量繁多，无须精心护理，它们的果仁是品质优良的油料作物。其中，核桃油脂含量居所有木本油料之首，有“树上油库”的美誉。这里丰富的油料资源为水煮法制油提供了充足的物质保证。

（3）加工粉碎

熬制一次油，一般用 50 ~ 100 斤原料。冬季闲暇时，这里

图 11-3　笔者和崔家人轮流推碾子粉碎核桃

图 11-5　传了数代的石质砸核桃工具

图 11-4　用手捏粉碎后的核桃，能够成团

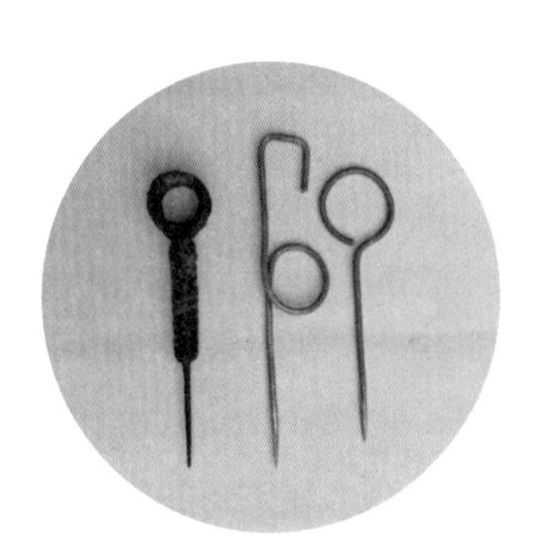
图 11-6　自制的挖取核桃仁的工具

的人们常把一块大的平面石头做基座，再用手拿一块半个砖头大小的石头（或锤子）把核子砸碎，而后用筛牲口料用的草筛把击碎的材料过筛。碎的装入袋中，大的放到笸箩里，用锥子或是核桃针把大皮中的仁提取出来，皮子则用来烧火做饭。提取出的果仁和袋子中碎的皮仁放到一起，在石碾上碾成粉末，一直碾到粉末成片地粘到碾轱辘上，或是用手团成团抛起来不散开为止。粉末要尽可能当天熬制，否则出油率会降低。

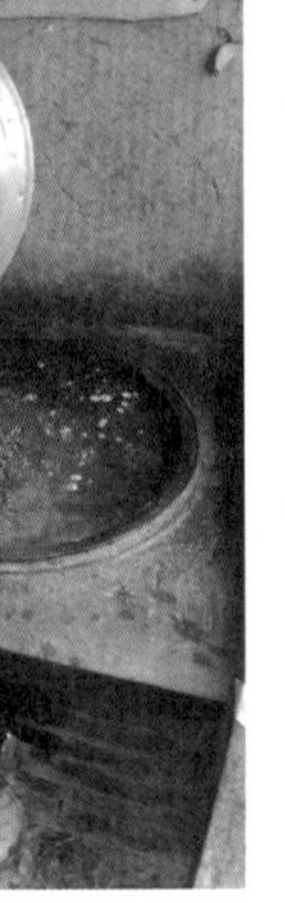

图 11-7　投料下锅

图 11-8　初始阶段

2. 熬制阶段

（1）下锅

用一口九印大锅，放入材料和水，水面距离锅沿一寸左右为佳，确保水开锅后不要溢出锅外。水煮法手工制油要选择凉水或是温水添锅。

（2）调火

材料下锅后，开始大火烧。等到水充分烧开后，适当减火，并使整锅水保持翻花状态。在加热的过程中，用一块长木板或一根一头是楔形的木棒沿着同一个方向搅动。这样可以避免粘锅，促进油的生成。切记不能随意搅动，干扰出油。开锅 3 个小时后，会逐渐看到油花。油花慢慢连成片时，就不要用工具搅动锅内物质了。此时，不要急于往外撇油，要再次减火，让锅中的水保持轻微冒泡即可。持续 20 分钟左右，表面会有一层金黄的油。这时，就可以用铁勺往外撇油了。此时撇出的油可称之为“旱油”——色泽清亮，带着清香。核桃油带有淡淡的绿色，杏仁油

图 11-9　沸腾

图 11-10　油花泛起

图 11-11　用勺子收集油脂

图 11-12　用油刮子配合舀取油脂

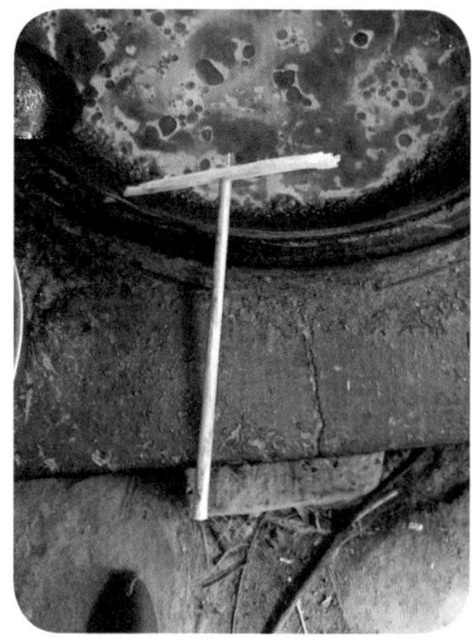

图 11-13　用高粱秆制成的油刮子

图 11-14　以水煮法制取的核桃油

要更显金黄。如果手艺娴熟，撇出的旱油里既没有水分也没有杂质，不需要提炼。后续撇出的油会带有一些杂质和水分，需要提炼。旱油基本撇净时，往锅里加入热水搅动。如果加的是凉水，可以再加火稍微熬煮一下。这时，表面又会出现油层。此时撇出的为“水油”，含水较多，必须提炼。在撇油的过程中，会用到一种叫油刮子的工具。当锅中浮油少的时候，用油刮子把油往铁

图 11-15　水煮后沉淀在锅底的核桃酱

勺里"赶"，可以使得大面积浮油更容易撇出来。

3. 后期处理阶段

撇完油后，把旱油和水油分别倒入小锅，慢火加热使里边的水分充分蒸发掉，杂质则被炼成焦块捞出，这样就得到了纯正的食用油。

过去，水煮油的汤可以喂猪；现在，汤可以作很好的肥料使用。汤被撇出后，锅内的上层都是果仁，盛到盆中可以做成酱，或是用来熬土豆条、煮粥吃；下层的杂质是非常好的农作物肥料。可以说，水煮法手工制油，无论是油还是剩余物，都是宝贝，没有任何污染。

（三）延庆地区水煮法制油技艺现状

1. 传统水煮法制油劳动强度很大，年轻人大多不愿意学习和掌握这门技艺，因此该技艺的传承状况堪忧。

2. 该技艺制油过程耗时太长，不适应快节奏的现代生活。

3. 该制油法工作量大、耗时长，再加上制油工具的限制，出油率不高，不适合商业化生产。

图 11-16　精炼后的油：左边是杏仁油，右边是核桃油

二、门头沟妙峰山镇水峪嘴村的调研

门头沟区妙峰山镇水峪嘴村地处千年京西古道要塞处，素有“京西古道第一村”的美誉。水峪嘴村依水布局，外抱永定河，背倚九龙山，村中有百年历史的京门铁路经过。村旁山体似巨牛俯卧，南坡如牛角。村落依水布局，蜿蜒如盘龙。水峪嘴村以前漫山遍野都是桃树、杏树、梨树、核桃树、枣树等，郁郁葱葱，风光秀丽。在过去，由于大家经济条件都不太好，动物油难得，村民又没钱买别的油，只能“靠山吃山，靠水吃水”，家家户户门前及山上的核桃树便成了每一家食用油的来源。因此，核桃与大家的生活密切相关。关于核桃，村里还流传着一个跟它有关的谜语：“四姐妹，隔墙睡，从小到大一个被。”谜底就是核桃。每到秋收季节，在核桃外面还包裹着一层绿皮的时候，大家就把它们从树上打下来，进行阴干，去绿皮，然后晒干，制作核桃油，准备过冬和来年一年的食用油。在艰苦的年代，正是因为这些核桃树，很多村民才没有因为身体缺油而出现水肿、头晕眼花、体力不支等情况，得以渡过生活的难关。

（一）技艺传承

第一代：郝增海（1888—1975）

郝家世居门头沟区妙峰山镇水峪嘴村。郝增海在村里长大，对村里的一草一木、一山一水都非常熟悉。他熟悉地里的农作物，对农活更是非常精通。打核桃、晒核桃，把核桃进行脱青、去壳，做核桃油，样样门儿清。郝增海做了一辈子核桃油，用干净、健康、富有营养的核桃油呵护着家人的健康。之后，他又把这门手艺传授给了儿子、儿媳。

图 11-17　郝增海

第二代：郝尚玉（1910—1989）

石玉兰（1911—1994）

郝尚玉为郝增海的儿子，水峪嘴村村民。郝尚玉自幼跟随父亲学习做农活，跟妻子石玉兰一起继承了父亲做核桃油的手艺，不仅谙熟核桃树的栽种管理技术，而且对做核桃油的步骤、技法非常精通。每年核桃成熟后，夫妻二人就“夫唱妇随”，一起为家人制作核桃油。

图 11-18　郝尚玉

第三代：郝德香（1950—　）

郝德香为郝尚玉、石玉兰之女。郝德香长大后，郝尚玉、石玉兰把做核桃油的技艺传给了她。郝家门口有几棵高大挺拔的核桃树，夏天的时候枝繁叶茂，不仅给家里人和乡亲们遮阴纳凉提供了便利，而且每到秋天总会挂满圆溜溜、绿油油的核桃。它们或藏在叶后，躲在枝下，或齐头并进，成双成对地挂满枝头。中秋过后，树上的核桃基本成熟了，青青的果皮松松地包裹在外面。用手轻轻一掰，脆脆的绿皮立刻脱落，露出溜光发亮的核桃。酥白酥白的核桃仁，仁满味鲜，皮薄个大，嚼在口中有股甜甜、油油的奶香。这些核桃，就是郝家食用油的来源和主要经济作物。郝德香在水峪嘴村长大，从小就帮父母干农活，很小的时

图 11-19 郝德香与女儿刘志华

候就给父母打下手做核桃油。做核桃油要耗费大量的体力，年迈的母亲越来越力不从心，长大后的郝德香渐渐成为家里做核桃油的主力。出嫁后，郝德香又把做核桃油的手艺带到了婆家海淀区上庄镇。郝德香一辈子吃核桃、做核桃油，对做核桃油的土法技艺非常精通。

（二）制作核桃油的手工技艺

1. 打核桃

核桃一般是每年八九月的时候成熟，但是做核桃油用的核桃有一定的讲究。如果核桃打下来太早，它的出油率会比较低，甚至不出油。一定得等到白露时节核桃完全成熟之后，出油率才会比较高。所以，民间有一种说法："白露到，竹竿摇，满地金，扁担挑……白露到，竹竿摇，小小核桃满地跑。"每年白露节气一到，便是核桃的收获季。那时候的核桃树硕果累累，核桃外皮由青变黄，等待迎接它们的主人。

说起打核桃，郝德香也有自己的一套经验。她说打核桃除了要有力气和胆量，还要有技巧和经验。因为核桃果下面藏着明年的花苞，如果乱打乱捅，一不小心把花苞打坏了，就会影响第二年的收成。有经验的人在打核桃时不打枝干，只对准核桃果实打，且必须弹准，这样才能保证不会打到花苞。郝德香家的核桃年年挂满果实，这与她和家人丰富的打核桃经验是密不可分的。

2. 阴干核桃

核桃打下来之后，有的核桃外面还包着一层青皮，用手直接掰掉不仅费时费力，而且青皮的汁会沾到手上，黑乎乎的，很难洗掉。所以打下核桃之后，必须找个阴凉的地方把这些还带着青皮的核桃阴干。等青皮出现裂缝之后，用棍子敲敲，青皮就掉了。

3. 晒核桃

去掉青皮的核桃还有不少水分，不能直接用来榨油，要把水分完全晒干、控干才可以。北方的秋季秋高气爽，农民都忙着秋收，也没时间做核桃油。所以一般都是等到农忙季节过后，快到过年时才有时间做核桃油。

4. 去壳取核桃仁

核桃外面包裹着一层硬壳，人们一般都是用各种工具取核桃仁。郝德香从小吃核桃、种核桃、做核桃油，根据多年经验摸索出一套独特的去壳办法。一般人用锤子砸核桃，由于力度掌握不好，一锤下去核桃仁会分成好几瓣，甚至会把整个核桃砸个稀巴烂，这就影响到核桃仁的美观和价值。过去，国家收购核桃仁用于出口创汇或商业用途，在收购核桃仁时是按它的完整度来收购的，故核桃仁越完整价值越高。所以，当时的生产队也是按核桃仁的完整程度给社员计工分。人们管一个完整的核桃仁叫“四条腿”，“四条腿”得到的工分最高。“一锅盖”（即核桃仁被分成

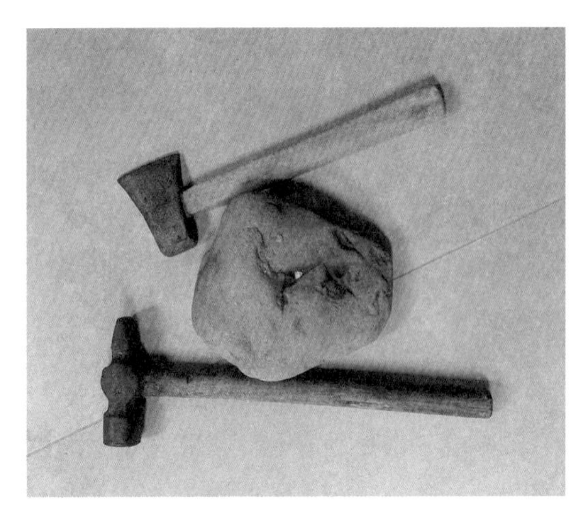

图 11-20　砸核桃的工具

两瓣）次之，“一条腿”带两瓣（即分成四瓣）的再次之，最差的就是被敲成碎末的。郝德香不用核桃夹子，只用最普通的锤子砸核桃，但是她砸出的核桃仁差不多个个都完整，如庖丁解牛一样神奇。

5. 上锅翻炒

取出核桃仁后把它们掰小，然后上大锅翻炒。炒核桃仁前，先用柴火将铁锅烧热，再把核桃仁倒进去，然后用小火翻炒。这是一个技术活，如果翻炒不到位，核桃仁就很容易煳。所以最好是一人看火，一人在锅边不停地翻炒，直到把核桃仁炒得香脆，香味飘满整个屋子就可以停火了。停火之后要立刻把核桃仁放到簸箕里，否则锅里的余温继续加热核桃仁，核桃仁就容易煳，影响油的质量。

6. 去核桃衣

炒熟的核桃仁外面还裹着一层薄薄的核桃衣，为了保证核桃油的纯度，必须去掉那层核桃衣。因此，还要用簸箕不停地簸炒熟的核桃仁，使核桃衣脱落。簸掉核桃衣，簸箕里最后剩的就是真正的核桃仁了。

7. 磨核桃

核桃仁簸好后，下一道工序是磨成浆。在磨核桃之前，要把石磨清洗干净。把核桃仁倒入石磨上的漏斗，在石磨底下放个水盆用来接核桃浆。一切准备就绪后，就可以推石磨了。推磨是个重力气活，用不了 10 分钟，人就累得气喘出汗，所以还得会巧推。在推磨的过程中，核桃仁就会顺着圆孔不断地向下滚去。磨的时候不能太快或太慢，要注意流量。流量太大，核桃浆就会过粗；流量太小，就会干磨石磨。经过一番推磨，白色的核桃沫便在石磨上流淌出来，滴进石磨下面的盆里。等所有的核桃磨完后，再用清水把石磨冲干净，最后将磨好的核桃浆连着洗石磨的水一起上锅熬制。

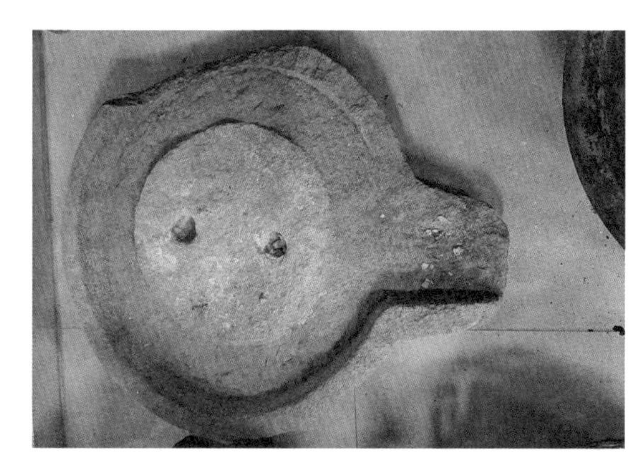

图 11-21　老石磨

8. 熬制

在熬核桃油的时候，要用小火慢慢熬制。在火的作用下，香味儿慢慢飘出来，锅的表面就会浮着一层油脂。等到这层油脂的颜色变深一点，就可以用勺子将油舀起来，放到大碗或盆里；然后再熬，再出现油层，再把油舀出来。如此反复，一直到锅里的水越来越少，基本上没有油出来了，最后只剩下核桃酱。这个核桃酱跟芝麻酱一样，色泽金黄，口感细滑，口味醇香，营养丰富。如果往里放点盐，用瓶子装好，可作为佐餐之物。

图 11-22　磨好的核桃直接投料

图 11-23　熬煮过程中油花泛起

图 11-24　精炼后的核桃油

与其他油相比，手工熬制的核桃油颜色清亮干净，闻之清香扑鼻。

三、刍议京西地区传统制油技艺的特质

水煮法制油技艺是具有北京西北地区农耕文化内涵的典型代表技艺，也是我国特有的手工技艺，具有较高的历史文化价值，见证了京西地区过去的生活状态和劳动人民的智慧。植物油脂的食用，对以动物油脂为主的饮食习惯的改变起了决定性作用，也促进了农耕文化与游牧文化的融合。

仅就传统技艺而言，即便是机械化高度发达的今天，传统手工制油技艺所承的内在技术传统依然被沿用，可见其工艺价值之高。加热、水代的精髓贯穿于水煮法中，在从植物籽实中提取所需物质的探索方面彰显了科学的创造性。

与此同时，对于水煮法的出现，我们可做这样的判断：它的产生源于早期的食物贮藏需要。

人类早期获取食物，主要通过耕耘、渔猎等生产活动获得，粮食、果实、肉类等来之不易，若一次没有食用完，必定要想办法贮藏起来，以备饥荒。贮藏的技术手段为人们所高度重视，因为这关乎生存。

《吕氏春秋·本味篇》：“和之美者……照鲔之醢（指用鲤鱼和鲔鱼肉做的酱）。”[①]《诗经·行苇》：“醓醢以荐。”[②]《周礼·天官》：“醢人掌四豆之实，朝事之豆，其实韭菹、醓醢、昌本、麋臡、菁菹、鹿臡、茆菹、麇臡……”[③] 这些记载显示了做酱是早期人们熟知的贮藏食物的方法。

京西地区用水煮法制油技艺制成的产品中不仅有植物油，还有植物籽实的酱。用水煮法做核桃酱、杏仁酱的过程中，水代油出，油浮于水，顺势而为，获取油脂，磨法亦是如此。在加工油料时要求细磨，原以为耗费人力，或许初心是为了制酱？即便不是由做酱而创发做油，二者也是相伴相生的。

① 许维遹撰，梁运华整理：《吕氏春秋集释》上，中华书局2009年版，第318页。

② 程俊英，蒋见元著：《诗经注析》，中华书局1991年版，第809页。

③（汉）郑玄注，（唐）陆德明音义，贾公彦疏：《周礼注疏》卷六《天官·醢人》，《钦定四库全书》，经部，《周礼注疏》卷六，第1a页。

第十二章 磨法、烘焙法及其他

一、磨法

《王祯农书》记载："今燕赵间创法，有以铁为炕面，就接蒸釜爨项，乃倾芝麻于上，执枚匀搅，待熟，入磨，下之即烂，比镬炒及舂碾省力数倍。南北农家岁用既多，尤宜则效。"[①] 在元代，北方的燕赵地区流行一种新创制的磨油法，即用铁做成灶面，在灶膛接上蒸锅和甑项，直接将芝麻倒在甑中，用杴搅拌均匀，熟了之后直接入磨，一磨油籽就烂了，比用锅翻炒后再舂碾省力许多。王祯认为，南北方的农家用油较多，应多提倡使用该法制油。而燕赵地区的这一磨油法明显不同于木榨油法，大概是小磨香油的早期雏形。石磨磨成的应是油糊，后续的提取操作技

① (元) 王祯撰，缪启愉、缪桂龙译注：《农书译注》，齐鲁书社2009年版，第575页。

图12-1 呼和浩特市东郊大窑子油磨（张治中摄）[②]

② 参见张柏春等著，路甬祥总主编《中国传统工艺全集·传统机械调查研究》，大象出版社2006年版，第81页。

艺《王祯农书》中没有详细记载。明代北方磨芝麻油，常用粗麻布袋扭绞磨好的油料。

（一）京城闹市中的小油坊

早年，笔者的居所不远处是整条街的农贸菜市场。在一排食品加工作坊中，有一家是现场加工芝麻产品的，销售现场磨制芝麻酱（黑、白芝麻酱均有）和香油。这家作坊的门脸上贴着“大名府香油”的招牌，里面陈设很简单，有一个磨芝麻的石磨，一口炒芝麻用的铁锅，一口进行油渣分离的铁锅，对外展示的窗台上整齐地码放着瓶装芝麻酱和香油。屋里散发出阵阵芝麻香油的气味，让人驻足观看。这里的生意很好。这家店虽然设备简单、工艺古朴，规模也很小，但是其产品味香色正，不掺假，价格合理，因而购者很多。在这里，笔者也印证了文献中记载的小磨香油制作的方法。

小磨香油传统的生产工序大致是：准备芝麻—洗—炒—磨—晃（兑汗—折墩—晃油）—成品香油。

1. 准备芝麻

用于磨制香油的芝麻应是饱满油亮的。因为芝麻从麻秆上脱粒的过程是在场地上进行，难免会混入尘土、碎叶等杂质。在用簸箕扬去部分杂质后，用清水淘洗，再晾干。此时，作为原料的芝麻就比较干净了。这样的清洗很有必要，否则，尘土、秕子等杂质将混入下道工序，最终影响香油的卫生和质量。

炒芝麻是第二道工序。传统的方法是在土灶铁锅中炒，油匠在掌握好火候的同时，要在锅中不时用耙子来回翻动芝麻，以免其受热不均。火候和炒熟程度的掌握十分关键，因为这不仅关系到出油率，还直接影响油的色香味。而这一技巧主要凭借经验，油匠必须在长时间耳濡目染的实践中熟练地掌握它。这种技艺可

图 12-2　用大锅炒芝麻

能属于“只可意会，难以言传”的手工技艺。现在为了省力，人们已开始使用鼓风机助燃，用电扇叶轮代替人工炒拨芝麻。尽管机械解放了人力，但是将芝麻炒到恰到好处还是要凭借经验。

2. 磨

磨，即将炒好的芝麻放到石磨里慢慢磨碎。磨细的程度由石磨内的磨纹粗细决定。磨得细一点，麻酱就显得稀一点；磨得粗一点，麻酱显得稠一点。口味略有差异，人们会根据自己的喜好来选择。现在一些油坊以电为动力或干脆用电磨，不过还是有些

图 12-3　用石磨（小磨）磨芝麻

图 12-4　磨出的浆液流入大锅中

人认为石磨磨的麻酱比电磨磨的香。故油坊中陈列的都是石磨。在北京五环内的农贸市场里的小磨香油作坊不能生火，故炒芝麻等工序都是预先完成。在作坊里，第一道工序就是磨。

3. 滉

滉，是出油、撇油的最后一道工序，也很关键。如果稍掌握不好，将大大影响出油率和油的质量。滉的过程是先兑汗，再折墩，最后滉油。兑汗就是往芝麻酱中兑开水，比例大致是一比一。实际上，不同季节的兑水量不同。俗话说："冬流流，夏牛头。"意思是说冬季时兑水少些，夏季时兑水多些。掌握水量要考虑温度与油渣溶水溶油的关系，水油混合互溶是有讲究的。"折墩"源于北方部分地区的方言，指没有计划或规律的行为，这里指胡乱地翻转。过去，人们用手将浆锅里兑水后的油浆上下翻动，以便让水将油浆中的油置换出来。现在，人们大多采用机械（以电为动力）桨片在锅里搅动油浆，让油与渣分离并析出。因为油比水轻，故析出的油就浮于表层。当搅动停止后，再静置一些时间，锅的上层就是油层，人们可以用油壶将油撇出。这种顶部有提梁的圆形扁壶被称作"油锤儿"，其上方偏圆心的地方

图 12-5　起锅加开水——水代法（利用油水分离的特点将油逼出）

图 12-6　边加开水边搅动，油渐渐析出

图 12-7　将析出的油荡出来

图 12-8　磨法制取小磨香油所用的器具

有一个小孔，撇油时手执提梁让油浆上层的油从小孔流入油壶。当油灌满后，提起来将油倒入油盆或其他体积大的容器中。撇过油的油浆还可以重复“折墩”两三次，以便进一步将油滗出。

由于机械榨油产出的油不如手工磨制的油香，加上手工磨制香油设备简单，投资少，产品售出价格合理，因而仍有广阔的市场，故这项传统技艺得以传承，且经久不衰。

（二）延庆山村中的礅香油

前几年在北京延庆区做田野调查时，看到过用磨法做芝麻香油的。据了解，以前磨法比较普遍，很多村都有磨制芝麻香油的。后来手工磨制做油的已经比较少见了。今以延庆区井庄镇东红山村的考察所见为例，讲讲北京山区的磨法制油。

付绅，1894 年生，怀柔区琉璃庙镇西湾子村人，1949 年后在当地供销社上班，1976 年去世，生前一直为村里的乡亲们做香油。付乃珍，付绅之子，1940 年生，2007 年去世，在父亲的指导下也做香油。付桂伶，付绅的孙女，1965 年生，后嫁到北京市延庆区井庄镇东红山村。付桂伶八九岁时就帮助长辈礅香油，得到过爷爷和父亲的指点。随着付桂伶外嫁延庆，礅香油的技艺也就从怀柔被带到了延庆。

过去做香油的原料是自己种的白芝麻。秋收时节，芝麻一般是八分熟就收割了。晒干后，用筛子筛去芝麻里的杂物，扬净尘土，晾干备用。礅油时，首先用清水把芝麻淘洗干净，捞出后放在密眼筛子上沥去水分，稍有湿气即可烘炒。烘炒是做好香油的关键一步。一般一锅 2.5 斤的芝麻，可以做出 1 斤油。微火慢炒，炒到芝麻里外都泛黄后，快速将芝麻铲到簸箕内扇风散热。冷却后放在石碾上碾压，得到芝麻坯，坯子磨得越细越好。从开水冲坯起，礅香油的过程是在热炕上完成的。将芝麻坯放进温热的瓦盆，逐渐加入适量开水并不断搅拌。搅拌 15 分钟左右，有油渗出便停止加水。但这时仍需继续搅动，这样表层会浮出更多的

图 12–9　把磨好的油料倒入瓦盆

图 12-10　兑水

图 12-11　溰油

图 12-12　舀取

图 12-13　制取的香油

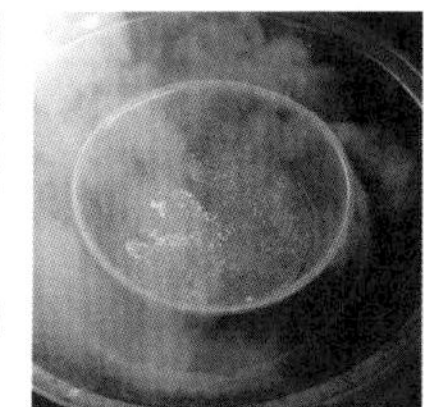

图 12-14　油料凉了，要放在锅中水浴加热

油。把瓦盆左右晃动，大约 10 分钟，就会有大量香油浮出。停止晃动，用勺子把油撇出来。如果感觉盆子凉了，就要放到大锅里进行水浴加热，然后继续磝油，一般磝三次就可以了。剩下的芝麻酱加入适量的盐后，可以做成相关食品。这里的“磝”和上文说的“溰”，以及河北地区说的“折磝”是一个意思，技法也一样，目的就是通过翻动使水与油浆充分接触，以增加水的亲和效果，进而“兑换”（置换）出油脂。

在调查时，笔者上手实操礅油，翻动了十几分钟后就难以为继了。于是，找到几个废饮料瓶盖垫在瓦盆下面，手把住瓦盆边沿摇动，一点也不比双手端着瓦盆晃动翻搅效果差。付师傅见了很高兴，说这是很棒的改进，以后就可以这样礅油了。

二、烘焙法

（一）北京延庆烘焙法制取杏仁油

在延庆区，当地人还发明了烘焙法制取植物油脂的技艺。这一技法被用于制取杏仁油，当地人称作“手工攥制法”。其工序为：选料—粉碎—翻炒—攥压。

1. 原料制备

（1）筛选。人工对混合着杂质的油料进行拣选，除去杂质和霉仁等不符合要求的籽仁。

（2）清洗。对油料进行清洗，除去尘土和破碎工序中产生的附着污物。

（3）晾晒。清洗过程中不可浸泡油料，出水后即刻在太阳下晾晒。

2. 粉碎原料

用石碾子将油料压成粉碎，直至油料发粘，用手抓取可在手中捏成团状不散即可。

3. 烘焙制油

将粉碎好的油料加入制油锅中进行加热烘焙，不停地搅拌使油料均匀受热，要充分打散，不能黏连结团；控制好火候以免糊锅。随时观察油料的外观状态，并且不时地用手试温度。

当锅中油料呈松散状态时，在手试温度适宜的情况下，用手揉搓油料。与此同时，不停地点蘸冷水，这在表观上是降温，便

图 12-15 碾压粉碎的杏仁酱

图 12-16 把油料放在铁锅中翻炒

图 12-17 用手将油料在锅壁上揉搓，类似于制茶的炒青

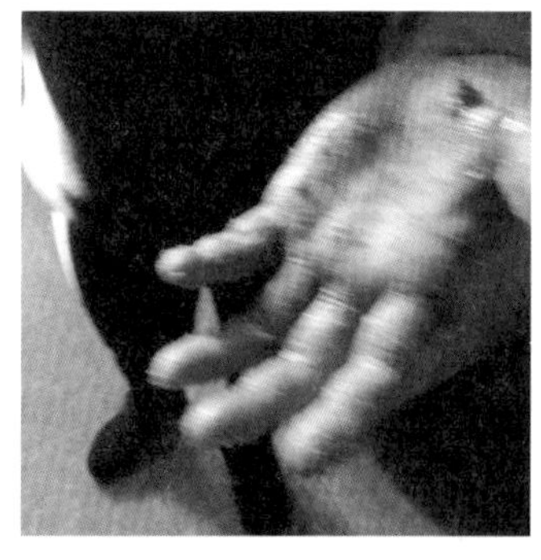

图 12-18 翻炒过程中油脂渗出

图 12-19 将油料握紧用力攥，油脂顺着手指缝流淌下来

图 12-20 精炼后的杏仁油

于继续用手揉搓挤压，实则是水代法的应用。随着烘焙、揉搓挤压的过程，油析出流向锅底，油渣在手中揉搓挤压成团。此时撤火降温，取出渣料，放入专用滤袋中，置入自制的压榨设备中，二次压榨，挤压出油渣中的残留油成分。有时，人们也会将油渣用纱布包裹，悬挂在锅上，再慢慢绞紧纱包，残留在油渣中的油脂便会析出。然后用专用容器和勺子取出。

当地人夸大了用手攥的“神力”功效，其实杏仁在锅内烘焙，并有水代法的加持，才是使油脂析出的真正原因。

（二）陕西岐山地区烘焙法制取黑豆油

在陕西岐山地区，当小儿因上火而屁股红肿生疮时，常用一个偏方——用黑豆油涂抹患处，据称相当灵验。当地黑豆油的制取方法就是烘焙法。

具体方法是：用一只瓦罐盛满黑豆，放在小火上烘烤。少顷，瓦罐内传来“滋滋”的响声，黑豆油的味道渐渐浓郁，这时烘焙的火候就可以了。用勺子挤压罐中的黑豆，油脂漫出，将瓦罐倾斜，沥出油脂即可。

因用黑豆油外敷病患之处属于临时救急，用量不大，故出油一小碗就够用了。这种方法是居家自用，虽然在当地十分普遍，但流传不广。现笔者谨记于此，免得遗忘。

三、油碾做油

图 12-21 系根据新疆喀什大学阿布米提·买买提教授口述整理绘制的喀什地区磨制技艺场景图：碾磨墩顶部的碾盘有装料槽，碾磨杵插入装料槽内；牲畜拉动碾辕，通过连轴—曲柄连杆带动碾磨杵转动，碾磨杵插入装料槽部分对油料进行碾磨；碾架上放置重石，让碾磨杵与碾磨墩紧密契合以增加磨蹭力度；出油

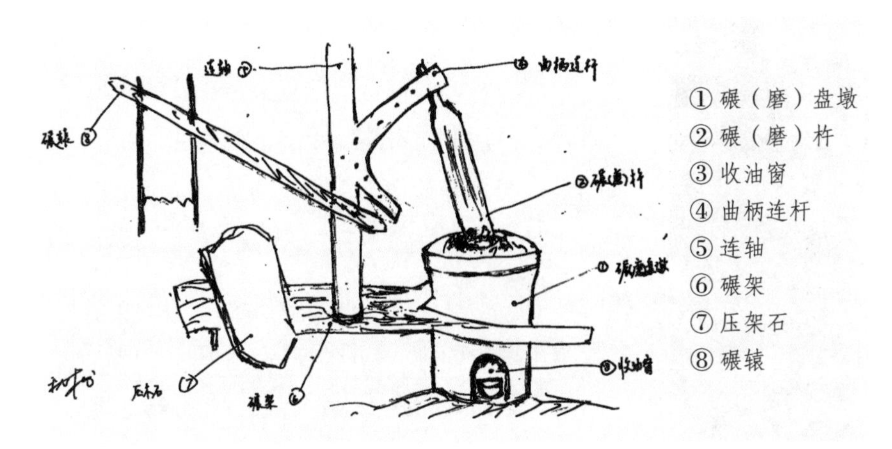

图 12-21　新疆喀什地区植物油脂磨制技艺场景图

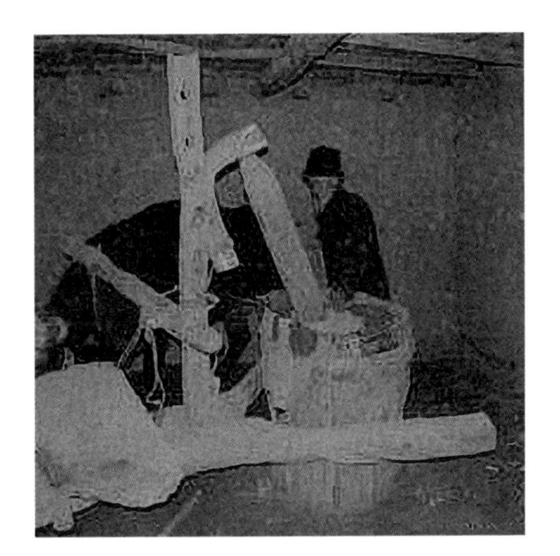

图 12-22　维吾尔族人制取胡麻油的场景

图 12-23　投放亚麻籽

图 12-24　油磨碾压

图 12-25　接取油浆

图 12-26　喀什博物馆馆藏的油磨器具

后，油流入收油窗内放置的油桶或小碗中。

杵和臼紧密啮合，当杵转动时，杵在臼窝中转动研磨油料，从而将油脂压出，流入油桶。值得注意的是，当地在研磨后并没有兑水和礅油的工序，故而出油率并不高，据说在10%左右。这还是油浆的分量，不是精炼后油脂的重量。研磨后剩下的油料渣多用作饲料，油性很大，牲畜吃了很抗饿。

从研磨器具的性质上看，它与北方其他地方的各种材质的磨都不同，与南方的磨、碓等更是相差甚远。在磨的运转方面，喀什地区的磨是杵转磨盘固定，较之中原所见，正好相反。中原的磨是磨盘转动，其间在摩擦中粉碎油料。事实上，喀什地区的油磨更像是臼，只是杵不是在冲击舂打，而是在转动研磨。在油料加工方面，据当地人讲，有的地方需要炒料，这是我国传统做油技艺的油料加热特质；而有的地方直接将胡麻籽倒入油磨，没有加热。上述差异引发诸多联想：在胡麻引进我国的路线上，胡麻油的生产在喀什地区是怎样出现的？这里的技艺与我国其他地方的技艺有着源流上的共性，还是独立发展起来的？在游牧民族以畜牧射猎为生的地区，其饮食习惯对于植物油脂的融入又是怎样开始的？目前笔者囿于资料所限，尚无法得出肯定的结论。但是，这些问题对研究我国传统植物油脂制作技艺，特别是我国北方的相关油脂制作技艺，是值得关注的。

外一章 蒸馏法

榨法、磨法、水煮法、舂臼法等常见于文献的油脂制取技艺，其所用器具的形制虽有差异，但基本上大同小异，且在南北均有出现。传统的蒸馏法植物油脂制取技艺则只在南方见到过，北方尚未发现。究其原因，是因为挥发性强的油料生长在南方，故而相应的加工技术出现在南方也就是大概率事件了。需要指出的是，这里我们谈的是传统手工技艺，不是现代工艺。现代工艺中，蒸馏法制取油脂是很常见的，也不局限于油料产地。有鉴于此，特列外一章，以讲述自己所见的传统的蒸馏做油技艺。

近年来，笔者在关注传统食用植物油脂制取技艺的过程中，了解到一种不多见的手工制油加工技艺——蒸馏制取法。在广西，壮族同胞早在清代就开始使用这一技艺加工八角，生产茴油，并将其大量出口（详见上篇所述）；在贵州，侗族、仡佬族等少数民族同胞使用此法制取木姜油等植物油脂。

一、广西崇左龙州蒸馏法制取茴油技艺

龙州县是广西壮族自治区崇左市下辖县之一，位于西南部，距南宁市 200 千米，东邻崇左市江州区，南接宁明县、凭祥市，东北面与大新县相连，西北与越南接壤，总面积 2 317.8 平方千

米，辖 12 个乡镇，有壮、汉、瑶、苗、回、侗等民族。其中，壮族人口占总人口的 95%（截至 2022 年 10 月）。

龙州是一座具有 1 290 多年历史的边关商贸历史文化名城。1889 年，龙州被辟为对外陆路通商口岸，是广西最早对外开放的通商口岸，也是我国与东南亚各国进行文化、贸易交往的重要门户，素有“边陲重镇”“小香港”之称。境内自然风光秀丽，地质景观独特，名胜古迹众多，文化底蕴深厚。龙州八角是我国特有的植物资源，也是传统的优势农业产品，早在 1897 年就已经远销欧美各国了，业内素有“世界八角看中国，中国八角看广西，广西八角看龙州”的美誉。

八角树是一种常绿乔木，喜欢冬暖夏凉的山地气候，适宜种植在土层深厚、排水良好、肥沃湿润、偏酸性的沙质壤土中。要是种植在干燥瘠薄或者是低洼积水地段，八角树就会出现生长不良的情况。龙州八角幼树喜阴，成年树喜光，但它们最不喜欢的就是强光和干旱，而且还害怕强风。

八角果实含有挥发油、脂肪油、蛋白质和树脂等，提取物为茴香油。茴香油的主要成分为茴香脑、茴香醛、茴香酮和黄樟醚等。茴香油能刺激胃肠神经血管，促进消化液分泌，增加胃肠蠕动，有健胃、行气的功效，还有助于缓解痉挛，减轻疼痛。

据史料记载，早在 400 多年前，龙州县就种植有八角，龙州县八角乡更是因盛产八角而得名。龙州八角，别名茴香、八角茴香、大料和大茴香。

大红八角是龙州的主要特产，人工栽培已有 400 多年的历史，年产 500 万公斤。龙州大红八角个大，色泽好，香味浓郁，质量上乘，产品远销欧美和我国港澳台地区。

龙州八角每年可以采收两次，鲜果为粉绿色，烘干后呈棕红色。秋季采收的叫“大红八角”，果实肥壮，产量高，是为上品；春季采收的八角叫“四季果”，产量少，品质比较次；没有适时采收的果实，老熟风干后落下的叫“干枝八角”，商品质量虽低，但是含油量却很高。每年的七八月，是八角成熟采摘的季节。八角和稻谷一样，也分“大熟”和“小熟”。夏季为“大熟”，到了 11 月份左右就是“小熟”。

上篇文中蒸馏法做油的图示，笔者最初是 2009 年从澳大利亚学者唐立的《云南物质文化·生活技术卷》[①] 中见到的，后根据唐立所示的线索，找到 *Decennial Reports on Trade, Navigation, Industries, etc. of the Ports Open to Foreign Commerce in China, 1882—1891* 一书，由此开始了对传统蒸馏法做油技艺的关注。但是，一连几年的时间，广西的朋友们回复说没有看到过此项生产活动，故而将关注的目光转向周边的区域，最后在贵州多地发现了还在使用的蒸馏法做油技艺。直到前几年，笔者将有关蒸馏法做油的考察研究报告在会议上与同道们分享时，才得到了龙州方面模糊的有关消息；2017 年以来，先后数次赴龙州，多年的心愿方始达成。为了与前文呼应，故将龙州部分内容前置，分享一下笔者在龙州之所见。

根据海关档案所载的资料描述，迟至清末，用蒸馏法制取八角油（茴油）在龙州当地已经十分普遍。档案中记载：

> ……龙州附近出产的糖质量异常好。1891 年龙州的白糖平均价格是每磅 4 美元。龙州的八角、茴芹籽（用于酒精饮料及糖果），被认为比其他地方产的八角要好，产出更多的油（出油率高）。这些八角树，最初是野生的，但现在经常是人工种植，生长在山坡上，倾斜的地面阻止水在树根周围流动，然而，当雨水从上面的高地流下来时，仍然保持着足够的水分。树木很容易因烟雾而受损，要经常清理草地，避免选择在村庄附近种植。树下的干草每年都被割下，防止意

① ［澳大利亚］唐立（Chistian Daniels）著，尹绍亭、何学惠主编：《云南物质文化·生活技术卷》，云南教育出版社 2000 年版，第 334 页。

外火灾的蔓延。10年后，幼树的种子适于商业用途，100年前的树木依然生长。同一棵树的产量年复一年变化很大，每年生产的树很少。它们在二月初开花，八九月份采集八角。新鲜的大八角通常价格为5.50美元一担[①]。一担新鲜的八角干了以后就剩下20～25千克了。

这种八角油（茴油）是用蒸馏法从新鲜的八角（大茴香）中提取出来的。一个装着八角的圆木筒放在水锅的上方，蒸汽上升通过木桶，再进入一个陶罐，陶罐的顶部放置的锅中盛满冷水进行冷凝。凝结的水和油的混合物通过一根管子流入一个盒子，这个盒子有两个隔开的小室，小室的内壁衬着锡片，两室之间的隔壁上有一个靠近顶部的圆孔。油水混合物流进其中的一间小室，（液面渐渐高涨）浮在水面上的油通过这个圆孔流进另一个小室（而水从小室的下面被制油工匠放出）。这个过程（一桶八角的蒸馏）需要几天时间。

一担新鲜的八角（大茴香）可以产出3千克油，一担油的价值从180美元到190美元不等。运输时，用32~35千克重的铁罐包装，陆运到广东的钦州，由货船运往香港，再由香港运往欧洲。[②]

从这份档案资料中可以看出：第一，在1882—1891年以前，用蒸馏法制取茴油（八角油）的技艺就已经十分成熟了，而且当地应该拥有相当规模的制油产业，有着较大的产量，因此得以支撑出口；第二，八角油和八角间有大约每担80美元的差价，这是人们在八角价格相宜时候不辞劳苦蒸馏做油的动力；第三，八角树从前是野生的，后来出现了人工栽种；第四，蒸馏器具和工艺原理与我国的蒸馏酒制作技艺一致。

2018年7月中下旬，笔者第一次对龙州地区蒸馏法做油技艺

① 1司马担 = 60千克。以下司马担简称担。

② China, Imperial Maritime Customs, *Decennial Reports on Trade, Navigation, Industries, etc. of the Ports Open to Foreign Commerce in China, 1882—1891*, Inspector General of Customs, Shanghai, 1893, Lungchow, pp. 659.

开展调查。参加调研的团队成员主要有李劲松、陈凤梅、农瑞群（原龙州文化馆工作人员、民俗专家），后有樊道智（当时为广西民族大学研究生）等人加入。

目前，当地能够见到的蒸馏器具已经改良了不少，甚至出现了很先进的蒸馏釜，但是核心技术依旧是“蒸馏—冷凝”。走到村寨中，我们偶尔能够看到旧时的器具和那时候的技法。

以八角乡、逐卜乡等地考察所见做一说明。

在逐卜乡，我们看到的当地人做酒和做油的器具是比较传统的，二者形制一样，只是做酒和做油用的陶釜各有一套，制作时各用各的，以免影响质量。逐卜乡的天锅增加了冷凝的功效，从而将蒸煮后产生的油水汽冷凝取液，实现了从八角中分离出油脂的目的。

2019 年，笔者再赴龙州调查。团队成员有广西民族大学的樊道智、陈凤梅，同事赵翰生。龙州文化馆的农毅馆长和非遗中心

图 13-1　八角乡的八角树

图 13-2　八角

图 13-3　八角乡废弃在水边的蒸馏装置（直管冷凝）

图 13-4　八角乡改良的蒸馏釜

图 13-5　龙州境内比比皆是的做酒器具——天锅冷凝

图 13-6　逐卜乡（做酒）做油的装置，由下向上：水锅（+ 篦子）—铁锅（装料，顶部有圆形排气口）—陶釜—冷水锅

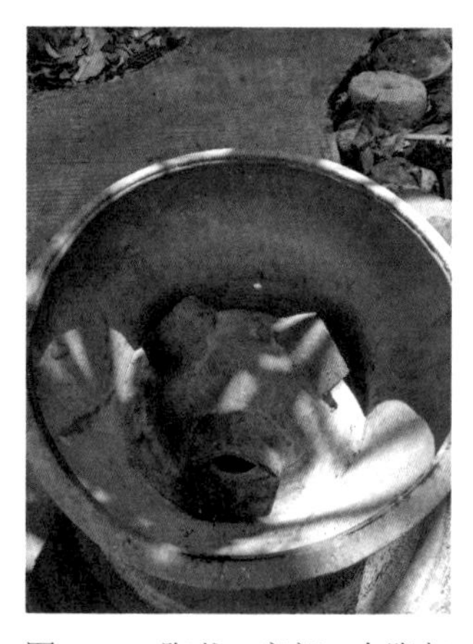

图 13-7　陶釜：底部 3 个隆起的进气口和油水口

图 13-8　考察团队：广西民大的陈凤梅、樊道智，龙州民俗专家农瑞群，笔者（从左至右）

的杨文凤陪同我们进行了调查。农毅馆长原来是龙州县图书馆馆长，深谙当地民俗。此行在他的帮助下，笔者得以看到几条有关八角油的文献资料。比如，《广西边事旁记》[①] 中记载，当时“八角果成油即八角名油，销外国极广”，同时还记载了陆荣廷等封疆大吏为了养兵，从八角及茴油上抽取税款的事情。《民国龙州县志》[②] 记载，“八角经济行在城内太康街光绪二十年成立，设

① 龙州县图书馆文献室藏光绪三十一年（1905）商务印书馆影印件。

② 龙州县图书馆藏民国二十五年手抄本影印件。

公平秤以收八角及茴油”，并记载了有关的税收情况，同时还记载了为了保护八角果不致被抢夺，专门成立保护局的事情。《龙津县志》[①] 记载：“八角油：树高丈余，果有八棱故名。果与叶均可甑以取油。可作药料，气香烈味辛带甘。邑人尚未知其作用，亦一憾事。出产以县属上降乡、八角乡为最，而多布伦平两乡次之。其油皆输出外洋，获利颇厚，为出口品大宗。”

① 原草稿成于民国三十五年（1946），存于龙州县档案馆，后由广西壮族自治区档案馆 1960 年 4 月翻印刊行。

图 13-9 《广西边事旁记》书影

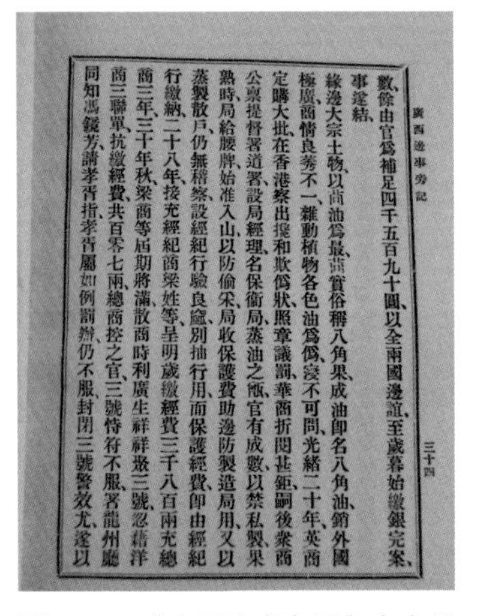

廣西邊事旁記

數、餘由官爲補足四千五百九十圓、以全兩國邊誼、至歲暮始繳銀完案、
事逢結、
緣邊大宗土物、以茴油爲最、茴實俗稱八角果、成油卽名八角油、銷外國
極廣、商情良莠不一、雜動植物各色油爲僞、寖不可問、光緒二十年、英商
定購大批、在香港察出摻和欺僞狀、照章議罰、華商折閱甚鉅、嗣後粲商
公稟提督署道署、設局經理、名保衛局、蒸油之甑、官有成數、以禁私製、果
熟時、局給腰牌、始准入山、以防偷采、局收保護費助邊防製造局用、又以
蒸製散戶、仍無稽察、設經紀行驗良窳、別抽行用、而保護經費卽由經紀
行繳納、二十八年、接充經紀商粲姓等、呈明歲繳經費三千八百兩、充總
商三年、三十年秋、粲商等屆期將滿、散商時利廣生祥祥聚三號、忽藉洋
商三聯單、抗繳經費、共百零七兩、總商控之官、三號恃符不服、署龍州廳
同知馮鍰芳、請孝胥指、孝胥屬如例罰辦、仍不服、封閉三號、警效尤、遂以

三十四

图 13-10 《广西边事旁记》中有关八角油的记载

图 13-11 《民国龙州县志》书影

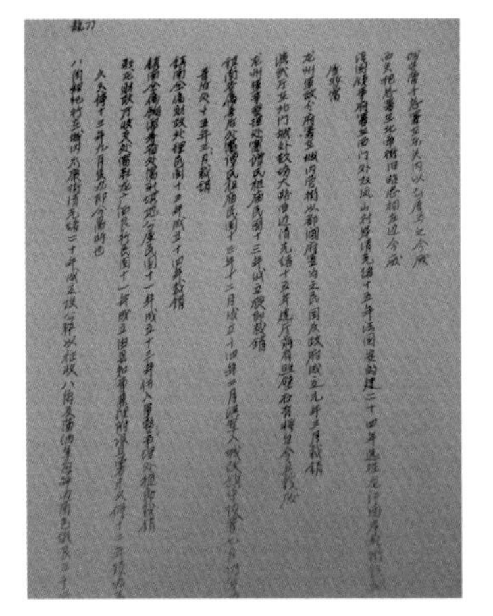

图 13-12 《民国龙州县志》有关八角经济行的记载

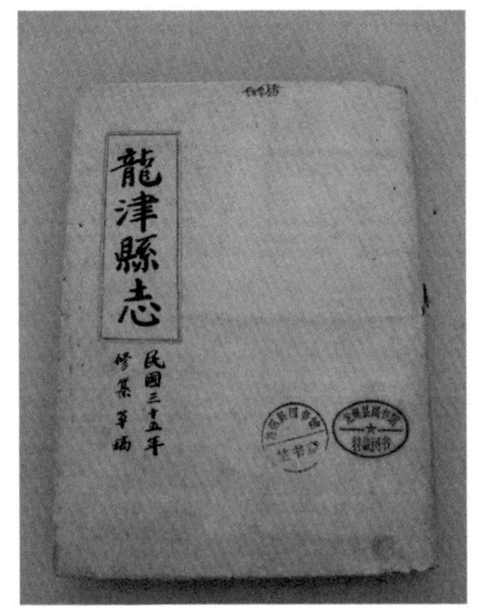

图 13-13 《龙津县志》书影

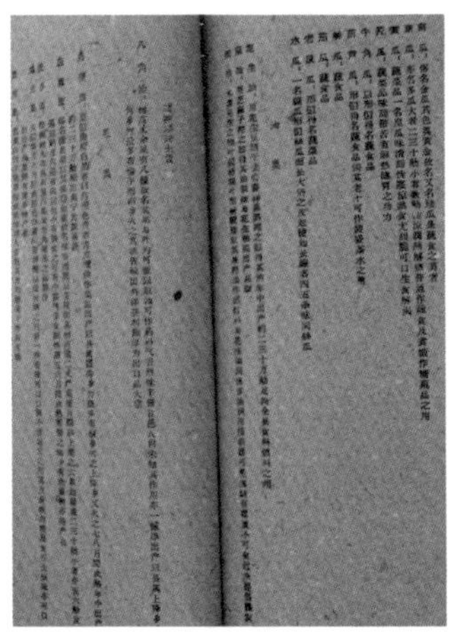

图 13-14 《龙津县志》有关八角油的记载

我们通过这些文献可以得到以下信息：第一,八角“果与叶均可甑以取油”，故当时以蒸馏法制取；第二,八角油销路很好，为大宗出口品；第三,八角油、八角果的收益很好，可知生产八角油在当地十分普遍。

二、贵州多个民族的蒸馏法做油

木姜油，即山苍子油，又名“山鸡椒油”等，是采用蒸馏法从山苍子果实中提取的植物油脂。作为调味品的山苍子油一般是由山苍子精油与食用植物油稀释勾兑而成的一种调味油，有很浓郁的生姜味道，具有除膻祛腥、提味增鲜的功效。在贵州省铜仁市的石阡地区，木姜油在日常饮食中应用很普遍，是不可或缺的调味品。

山苍子，落叶灌木或小乔木，喜光或稍耐阴，浅根性，一般生长在荒山、灌丛、林缘及路边。这种植物的花期在 2 月至 3 月，果期在 7 月至 8 月。山苍子是我国特有的香料植物资源之一，在我国广东、广西、福建、台湾、浙江、江苏、安徽、湖南、湖北、江西、贵州、四川、云南、西藏等地均有生长。

与山苍子同属的植物全世界有 200 多种，在我国实际分布的有 70 多种。其中有些柠檬醛含量较高的品种也被当地的农民称为“山苍子”；像毛叶木姜子和杨叶木姜子等在当地均被称为“山苍子”，如贵州安顺产的两种——毛叶木姜子、山苍子，在当地都统称为“山苍子”。在众多山苍子品种当中，有 16 种在民间得到使用，其中用于提取精油的有 9 种，用于药物的有 8 种，被利用种子中的脂肪性油的有 6 种。被大家广为知晓的多数为用于提取精油的品种。这里介绍的是作为食用调味香料的山苍子油——木姜油的制取技艺。

对木姜油最初的了解是从《隆里乡志》中得到的。隆里，是

图 13-15　野生的山苍子树

黔东南锦屏县的一座古镇，也是明清时期戍边的军事重镇。当时除了镇中的汉族军民外，周边多为侗族部落。2011 年刊印的《隆里乡志》记载了当地林业资源的历史状况，其中关于山苍子的记载引起了笔者的注意：

> 山苍子：又名木姜籽。山苍子油原用山苍子通过加工蒸馏而得，它的用途为制造紫罗兰酮和香料及美容化妆品的原料。山苍子为落叶小乔木，一般高 3 ~ 5 米，嫩枝呈黄青色，老枝皮呈古铜色，并有白色斑点，叶薄光滑，互生、全绿。花雌雄异株，农历 10 月生出黄色花蕾，次年春初开出黄色小花，花形与桂花相似；清明前后结椭圆形浆果，3 ~ 5 枝簇生，7—8 月份果实成熟。乡内各村均有，五六十年代全乡最多年产量可达 2.5 万千克。农民在当地加工出售给供销社，通过外贸部门出口。[1]

① 隆里乡志编纂委员会编：《隆里乡志》。

图 13-16　山苍子——木姜子

图 13-17　露天的木姜子蒸馏生产场地

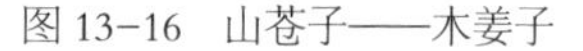

木姜油是通过蒸馏加工得到的，这种采用蒸馏法制油的技艺在早期的文献中未见记述。笔者在对锦屏县及周边地区的调查中了解到，这种技艺的历史至少在百余年以上。但是在 2013 年 4 月间对黔东南地区的考察过程中，没有见到这种传统技艺的活态形式。2014 年 4 月下旬和 8 月初，在对黔东铜仁市石阡县的考察过程中，笔者有幸看到了这种技艺——仍在使用中的采用蒸馏法制取木姜油的技艺。其后，笔者在贵州榕江县等地也看到了水族同胞采用蒸馏法制取木姜油的生产活动。

（一）对石阡县等地仡佬族蒸馏制油法的考察

2014 年，笔者先后两次到传统木姜油制作技艺影响较大的青阳乡进行了有针对性的考察。

笔者所考察的村寨有 80 余户人家，300 多人，居民基本上都是仡佬族。这里采用传统手工技艺制取的木姜油在石阡地区很受欢迎。据了解，大约有一半以上的人家都掌握了这一技艺。我们详细考察了村里两家制作木姜油的“作坊”，并与其他地区所见的油坊作了比较。其他地区做油的场所即便是四面开放的建筑，也都是在房屋里面进行操作的。而火麻村的“油坊”，设备装置却是安放在纯自然环境中，是露天的“作坊”。

木姜油制作的主要具体工序为：果实采摘——蒸馏——油品收集。

1. 果实采摘

当地 7 月中下旬就开始上山收集木姜子，果实被采集后或直接进行蒸馏，来不及蒸馏的便放置在阴凉处通风摊晾。不然，果实极容易发霉，严重影响油品质量。在一般情况下，立秋前后的各半个月是集中采摘加工的工期。这一个月过后，基本上就是零星的生产了。

2. 蒸馏

将木姜子放入甑子中，两家的甑子一次能装 200 斤左右；加盖，用泥料将甑子四周密封；加热，隔水蒸煮；油水蒸汽从导管排出，经冷凝管冷凝，形成液体，流入油桶。当地环境条件下，一般加热 2 小时左右即开始产生油水蒸汽，加热 20 个小时左右基本上就蒸尽了。

图 13-18　果实采摘，摊晾

图 13-19　蒸馏冷凝装置

图 13-20　用泥料密封甑子

图 13-21　油水采集器

图 13-22　浸泡在溪水中的“U”形“冰管”

3. 油品采集

在油桶的上端开孔安置引流管（竹管），桶中的油水液体因互不相溶而迅速分离。利用油轻水重的原理，向桶中加水，使油层上浮。当油层达到开孔位置时，油液会从引流管流出，到时就可采集油品。加工场地的溪水温度一般是在 15℃以下。近年来，当地的出油率一般是在 3% 左右。

从整体上看，这里目前使用的蒸馏技术是直管冷凝方式。主要装置有甑子（加热釜，竹制或木质）、冷凝管（包括竹制的导管和铁质的冷凝管）、油桶（木姜油水收集分离器）等。

甑子：一般上部内径在 70 厘米左右，下部略宽些，在 78 厘米左右；距甑子底部约 25 厘米处放置篦子，篦子下面是水，上面装放木姜子果实，这里的甑子一锅可装 200 斤木姜子。甑子下面是用泥和石头砌筑的简易灶，以木柴加热蒸煮。

冷凝系统由两部分组成：一是竹子制成的导管，直径约 8.5 厘米，一端嵌在甑子上部，向下倾斜；二是另一端连接的冷凝管，导管长约 170 厘米。严格说来，油水蒸汽在导管中也经历着冷却过程，只是冷却剂为空气。现在的冷凝管基本都是铁质的，有简单的“之”字形的，也有“U”形的。接导管的部分用泥密封，并用棉布缠裹。冷凝管在当地被称作“冰管”，隐没在山涧溪水中。

笔者在考察中了解到的一些早期局部装置目前已经有所改进，主要体现在冷凝环节的一些变化上。比如，早期的冷凝甑子（冷凝釜）已经简化，取而代之的是巧妙地利用自然冷水资源——河流小溪，以及利用空气进行冷凝。此外，比较突出的变化是冷凝管由竹制的管材变成了铁质的管材，并且由简单的“之”字形变为“U”形。显而易见，这些变化提高了冷凝的效率。

笔者对村中比较有代表性的两户制作木姜子油的人家进行了调查，油坊的主人分别为蔡启明和郑锡江。笔者在“油坊”现场测量了蒸馏的设备，并观察了全部的工序流程，对操作者进行了访谈。蔡启明，男，汉族，现年 65 岁，小学文化，贵州省石阡县青阳乡火麻村院子头组村民，是当地传统蒸馏法提取木姜油技艺的传人。

图 13-23　蔡启明夫妇在老宅前

说到蒸馏技术在制取木姜油方面的应用，蔡启明的描述与笔者早期的推断暗合，原是受烧酒技艺的影响。

蔡启明曾听其祖父讲起，蔡氏家族运用蒸馏技术的历史至少可以追溯到150年前，当时主要用于烧酒制作及香料提取。香料，是指用作食用调味油脂的木姜油。在没有制取木姜油之前，木姜子是直接食用的，通常是采摘回来后洗净、捣烂，即可作为调料使用。笔者曾品尝了木姜子，仅仅一颗果实，浓郁的辛辣味道就直冲脑顶，开胃的功效十分显著。

早时的蔡家立有自家的烧酒作坊，烧造高粱酒和玉米酒。蒸馏器具经历了从天锅到直管冷凝的演进过程。直到1949年前，蔡家的用酒量都比较大，完全是自家制作供给。

当地盛产木姜子、野八角等香料，其中木姜子新鲜时香味浓烈，干枯之后香味所剩无几。由于木姜油的挥发性较强，通常捣烂后若不尽快使用，油脂大部分就挥发掉了。因此，当地制作菜籽油、茶油的榨取方式无法应用于制作木姜油。后来，人们从白酒烧造技艺中得到了启发，由此促进了蒸馏技术在木姜油提取中的运用。

蔡家不仅自己制作木姜油，也将此项技艺传授给了周边的村民。因此，当地人提到以蒸馏法制作木姜油的源头，大都会讲起蔡家的祖先制酒、做油的掌故。

除了用作调料外，当地人还有使用木姜子和木姜油的其他用途。比如，用木姜子泡酒，这种酒有健胃、顺气的功效；木姜油还可以用作外用药物，治疗疔疮，有消肿、消炎的功效。有时候，在羊饲料中拌入木姜子，可以起到预防疾病的作用。木姜子的根、茎、叶和果均可入药，有祛风散寒、消肿止痛之效。果实被业内人士称为“荜澄茄”，可治疗血吸虫病。

2015年，笔者对石阡县甘溪乡的木姜油制作技艺进行了调查。

图 13-24　笔者和郑锡江一起密封甑子

图 13-25　郑绍礼为笔者讲述早期的蒸馏技艺

图 13-26　笔者对陈世林夫妇进行访谈

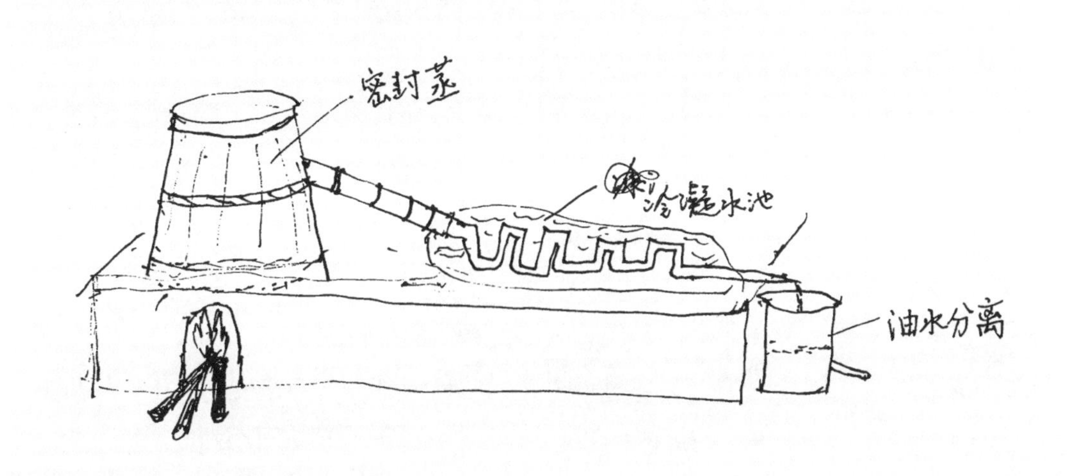

图 13-27　草绘的早期蒸馏装置示意图

图 13-28　陈世林演示铁皮冷凝管和分油器的连接

被采访者陈世林（仡佬族），1947 年生。其家族至少有 5 代人在此居住。陈世林 1986 年开始做油。当时有外地人来村寨里制油（估计是本县的人），他向对方学习制油技术，是同学者中掌握技艺最好的。从那时起，甘溪乡开始有本乡人制作木姜油，而且都是陈世林所在的生产组，有五六人。

甘溪乡的蒸馏制油设备有两种形制——室内的和室外的，陈世林家的为室内的生产装置。室外的蒸馏制油装置同笔者在石阡县青阳乡所见的一致，总体上都是属于蒸馏—直管冷凝装置。

陈世林家的装置蒸馏部分与其他家一样，即冷凝管都用铁皮制成，并没入“U”形木槽中，有水管将冷水引入木槽。冷凝管末端接一弯管，引流出油，油流入分油器。木槽由半片树木挖成。为增加容水量，木槽两层曾钉木板条，以加高槽帮。

另外几家连接甑子的管为竹制，后面接金属冰管，冰管则没入室外溪水中。其形制与笔者在青阳乡所见相同。

分油器和冷凝管，1986 年买入价为 400 元，目前估计在 600 元以上。分油器的出油和泄水管均在顶部，外部出油口比泄水口低约 4 厘米。出油时，用手堵住泄水口，使水面上升、以提高油层，油最终会从出油口流出。

（二）对榕江县水族蒸馏制油法的考察

2015 年 8 月间，笔者对榕江县的蒸馏法制取木姜油技艺做了调查，重点采访了潘广贤陆朝姣夫妇一家。

陆朝姣，1967 年生，自幼便掌握了多种传统手工技艺，如织染、刺绣、做酒、制油等，是当地有名的巧手女子。考察中发现，潘家及周边人家很多都制作木姜油，所使用的装置是室内的天锅式蒸馏冷凝装置。

据陆朝姣的母亲陆秀花讲述，当地人很早就会制木姜油，但是何时开始出现的这种技艺则不清楚。陆秀花是从母亲那里学到的，而她的母亲则很小的时候就跟着大人采摘木姜子做油。据称，在 1997 年前后，当地木姜油的生产达到最兴盛时期。水族

图 13-29　陆朝姣家的天锅

说明：甑子高 72 厘米，距下部 7 厘米处安放箅子。甑子壁厚 2.5 厘米，直径约 65 厘米。

图 13-30　沥油桶（分油器）

说明：桶高 21 厘米，直径 19.5 厘米，漏油盖深 4.5 厘米，孔 1.6 厘米；出油管距上 2 厘米，直径 1.8 厘米；接油罐长 11.8 厘米。沥油桶下部有泄水管。

村寨间的木姜油制作技艺基本相同。相比较之下，同县仁里乡的蒸馏法制油技艺较好，100 斤籽能出 6 斤油，这边大约是 100 斤籽出 3 斤油。

当地做酒与制油的不同是做酒（蒸馏米酒）是把发酵后的浓醪放在锅中进行水煮，锅上放置甑子，甑子上安放天锅；制油时，锅中只有水，而甑子底部则加篦子，篦子上装填木姜子，进行隔水蒸。

蒸馏法制油技艺脱胎于做酒技艺在此又一次得到更为直观的证实。

近些年，蒸馏法制取植物油的技艺在贵州地区还用于制作缬草油和柏根油。缬草油是一种香料，有木香、膏香、麝香异样的特殊香气，用缬草的根茎蒸馏而得。柏根油则是用作航空油的添加组分。

（三）关于蒸馏法制油技艺的几点思考

1. 蒸煮取油的技术传统

以往在研读《天工开物》“膏液”一卷的时候，对于宋应星在做油饼环节中特别强调的“出甑之时，包裹怠缓，则水火郁蒸之气游走，为此损油”这段话，仅仅重视了“损油”层面的意思，即当油料蒸煮出甑后，须尽快打包，但对于宋应星所说的“凡油原因气取，有生于无”的含义却没有深刻的理解。从字面上，这句话通常直观地解释为“油是通过蒸汽而提取的”，“有形”生于“无形”——仅仅将其归结为必须快速打包的原因，而没有认识到古人对于“凡油原因气取”早已有着相当深刻的理解。当笔者亲眼看到现实中的以蒸馏法制取木姜油的过程后，对于“凡油原因气取”一语便有了新的认识。从相关制油技艺可以看出，我国古代传统制取植物油脂的工艺中，加热制取是一项突出的技术传统——之于榨油为炒料，之于蒸馏冷凝则为蒸煮。

2. 蒸煮取油有不同的工序需求取向

从上述几种不同的制取方法中可以看出，蒸煮的取向主要有两方面。在榨法、水煮法中，蒸煮并均匀加热的目的在于使油脂粒子从植物的纤维素中分离开来，通过亲和力的差异，以水置换油脂，进而在后面的工序中提取；蒸馏法中，通过蒸煮，使油脂从纤维束中分离出来，以蒸汽置换油脂，并产生混合气，经冷凝而分离出油水液体（详见上篇蒸馏法所述）。水代或汽代，从本质上讲，原理是一样的，都是利用油脂和水、油脂和汽与油料作物植物纤维素的亲和力有差异来实现的分离。

3. 对蒸馏取油法出现时间上限的初判

从目前的考察结果来看，蒸馏取油源于蒸馏酒工艺。关于蒸馏酒工艺的出现时间，有多种观点，其上限为元代（李时珍《本草纲目》记载“烧酒非古法也，自元时始创其法”）。蒸馏酒（蒸馏白酒）发端于清香型的汾酒工艺，此观点为目前国内外的主流认识。而汾酒西传的时间，特别是传入贵州地区的时间，见诸文献记载的当是 1740 年前后[①]。如是，蒸馏取油法的出现应在此之后，即清乾隆五年以后。但据笔者判断，也许是更晚的时候才得以出现，正如调查中发现的，木姜子早期都是直接食用的，而蒸馏取油法是在蒸馏制酒工艺成熟并风行以后才有可能出现。因此，其出现的时间应该不会早于清中晚期。

4. 蒸馏法制油技艺的文化属性

从调查的结果来看，这种技艺不是单一民族所特有的技艺，贵州地区的侗族、苗族、仡佬族、水族等同胞均有这一技艺。虽然从目前所掌握的资料中对其出现的时间尚难以判定，然即便不同流，与蒸馏酒技艺也是同宗同源。这一点，在几个民族地区的调查中都得到了证实。

①《川盐史论》（宋良曦、钟长永编，四川人民出版社 1990 年版）提到了当时的贩盐商贾来到茅台镇之后，专门从山西雇来了酿酒师傅来酿汾酒。1740 年，一位郭姓盐商请来了酿酒师傅酿造更好的酒，后来还有两位盐商请来了师傅。他们经过加工改良，酿出了今天的茅台酒。

5. 蒸馏法制油技艺出现并存续至今的原因推断

木姜子很难长久保存，一般几天内就会变质或干枯。这促使人们发明了提取其中油脂的方法，从而能够长久地保存这种香料。同时，如前所述，木姜子的油脂挥发性较强，如果使用相对较早出现的榨取法，在蒸籽和打包的工序中油料的损失是可感知的（生活中的理解为“香气的损失”），故人们在实践中将蒸馏冷凝这一适合提取木姜子油的技艺从造酒领域引申到制油领域。因此，从技术角度，我们可以推判出蒸馏法对于木姜油制取的适应性；而从饮食需求角度，则可推断出这一技艺存续至今的缘由。

余语 故纸堆絮

纵览我国传统油脂制取技艺的演进历程，以大规模机械化出现为终结点，传统手工做油技艺经历了早期对于油料作物的认知，以动物油脂的利用为肇始，以燃灯取油为起点，揭开了动、植物油脂制作和利用的篇章。动物油脂的加工，元古已有之，至先秦以降，工艺技术并无大的改变。然而，植物油脂制取技艺则构成了我国传统油脂制取技艺的辉煌篇章：舂捣、水煮、研磨、榨取，直至蒸馏法、水代法等种种技法，贯穿先秦至明清的发展脉络。其间，随着人们对植物油脂认知的不断深入、利用范围的不断拓展，不同的技艺各领风骚，争奇斗艳，在明代前后均已成熟定型。

明代宋应星的《天工开物》是对传统榨油技术的高度总结，我们今也以此作一“书海泛舟”的小结。

在《天工开物》“油品”一节，宋应星介绍了油料的品种及其用途、优劣。他还列出了多种油料的含油率（详见前文）。

综合相关资料来看，笔者有以下几点认识。（1）古人在意识到植物果实或种子可以榨出油后，曾做过很多尝试，因而获得许多对这些植物油的认知。（2）古人是通过榨取的油的颜色、气味、口感，特别是使用经验来判断植物油的优劣和可能的用途的，因此植物油的分布有明显的地域性。（3）从宋应星的总括来看，古代的食用油主要有芝麻油、菜油及豆油。至于现在人们食用油的主要品种花生油、葵花籽油等都没有提及，至少在当时鲜有应用或是根本尚未出现[①]。

这些榨油技术基本上相似，主要有榨法、磨法、煮法等。对此《天工开物》有较为详细的记载，如："凡取油，榨法而外，有两镬煮取法，以治蓖麻与苏麻；北京有磨法，朝鲜有舂法，以治胡麻。其余则皆从榨出也……"

总括这段文字，宋应星讲了两点：

1. 制油法除榨法外，还有煮法、磨法。麻油、苏麻油等主要采用煮法。芝麻油北京采用磨法，朝鲜采用舂法。其他油都是采用榨法。

2. 榨油时，首先要制好榨具。榨具要用两臂抱围粗的木材来制，将其中间挖空。最好选用樟木，其次是檀木、杞木等。

以上就是宋应星对当时民间榨油技术的总括。不同的油料可以采用不同的技术。在他所知道的三种方法中，以木榨法为主，水煮法、磨法只适用于少数油料品种。但是，盛行于北方的小磨香油制取方法与上述磨法还是不完全一样。据此推测，对于地域广阔、民族众多的古代中国，榨油方法应该不限于宋氏所记述的三种，还有陆续发现的蒸馏法等。

从油料上看，南北方主流油料除茶子、芸薹子等少数品种之外，北方基本上都有，野生和人工种植的情况也都存在。自西汉中期以来，陆上、海上两条通道，先后将芝麻、油用油菜、花生等油料作物传入中国。依托我国的地理环境与社会基础，油料作物先后经历了以芝麻、油用油菜，以及大豆、花生为中心的三个发展阶段。时至20世纪，就全国而言，大豆、花生、芝麻、油菜已经成为主要油料作物，其他油料作物如亚麻、油茶、大麻、棉籽、苏子、蓖麻、向日葵以及油桐、乌桕等仅属于地方物产。

① 花生原产于南美洲的巴西。上海大公报主编的《中国土特产》说花生是16世纪末叶从印度传入我国的。葵花原产于美洲的墨西哥、秘鲁，传入中国则是在明末。西方盛行的橄榄油和亚热带地区盛产的棕油，中国古代没有见述。

20世纪初，芝麻种植面积最大的是河南，其次是河北、江苏、安徽、山东；油菜种植面积最大的是四川，其次为江西、湖南、浙江、湖北；大豆种植面积最大的是山东，其次为江苏、河南、安徽、河北；花生种植面积最大的是山东，其次是河北、江苏、四川、河南。综上分析可知，油菜在南方具有绝对优势，而北方则偏重于芝麻、大豆、花生等。

从技艺上看，除了蒸馏法制油技艺目前仅在南方出现（盖因挥发性较强的油料作物为南方独有），其他种类的制油技艺北方也都存在，但在加工器具的形制、操作技法等细节上有所差异。但是，我国传统油脂制取技艺的鲜明特点——加热，是南北方相同的工艺特点。无论是炒料、蒸料后再行榨取（热榨）、研磨之道，抑或直接蒸煮，都奉行油料热加工处理的理念——“凡油原因气取，有生于无”（宋应星语），这也是我国传统油脂制取技艺纵贯始终的特质。其实，前文曾提及，传统制油技艺的加热传统内核的技术思想是利用蒸煮加热使束缚在纤维中的脂肪、油脂粒子被“松绑”，使之“逃离”束缚，进而通过不同的技法，诸如水（气）取代和压榨析出，将油脂提取出来。这便是两千余年一脉相承的做油的技术传统。

后记

记得这套丛书的创意策划已经有三四年了吧。当时朋友们坐在一起聊这套书的切入点，或者说是作者们方便进入的抓手，意见比较集中的是以地域文化为背景主色调，以专业为主线，遴选十几个有特色的选题来展开。第一步就是先以北方各民族的传统技艺为主题，做一套若干本，使人们对所涉及的区域文化产生较高的兴致，进而引发对传统技艺的关注。

是时，我常年奔走乡野，做传统技艺的调查，其中有关做油技艺的调查是我的重点工作之一。为这一调查，我跑了全国不少地方，也有了一定的积累和不少新发现。这回应本套丛书的两位主编相邀，做一本有关北方地区传统做油技艺的书。我和这两位主编相识相知已久，特别是曾合作做过不少有关传统技艺调查研究的事情，再度合作实为幸事，诚惶诚恐，领命而行。

开门七件事：柴、米、油、盐、酱、醋、茶。这句谚语始于何时，尚有待考证。南宋吴自牧在《梦粱录》中提到八件事：柴、米、油、盐、酒、酱、醋、茶。后来，由于酒还算不上是生活必需品，因此到元代时已被剔除了，只余下后来所说的“七件事”。一般认为，吴自牧是创“开门七件事”之人。

另元杂剧《玉壶春》《度柳翠》《百花亭》等都有提及“开门七件事”。其中提及此“七件事”的有《刘行首》：“教你当家不当家，及至当家乱如麻。早起开门七件事，柴米油盐酱醋茶。”由此将当家者为生活辛苦劳碌的“七件事”表现出来。及至明代，唐伯虎借一首诗《除夕口占》点明了此“七件事”：“柴米油盐酱醋茶，般般都在别人家。岁暮清淡无一事，竹堂寺里看梅花。”

开门七件事，在古代人们的眼中是关乎民生的最为重要的事情。油，便是其中的一项。由此引申，油脂的制作也可理解为是关乎民生的重要生产技术。我国幅员辽阔，不同地区的人们所处的生存环境都不一样，南北方更是存在较大的差异。物候条件的不同，造成所在地区的油料作物不一样，加工的技术和器具也不尽相同，形成的加工技艺也就各有特点。所以，在日常工作中我对传统的做油技艺相当重视，在田野调查中对相关的信息反应也相当敏感。不过，长久以来，由于懒散，疏于及时整理调查成果并付诸文著表现，也就是间或抽取些调查成果在会议上与同道们分享。应邀写这本书的时候，我感觉还是蛮有意思的事情，以为这是梳理和总结许多年来相关工作的很好的机会。

国内外关于传统做油技艺的研究，长久以来主要分为两个途径展开：一是从文献出发，考据史料，推演判断，进而得出相应的结论；二是实证考察，通过相关遗存和活态传承的技艺的调查，观察和探究早期人们相关生产活动中所持技艺的可能状态。比较好的研究工作应是二者的结合，能够比较全面地呈现早期的历史图景。

有鉴于此，本书也分为上篇和下篇两个部分。上篇名为“书海泛舟”，从文献角度出发，勾勒出早期人们做油生产实践的情境；下篇名为“无文字处”，以田野调查所得，为文献记载的事件提供相应的实证，进而推演出趋近于史诗的历史图景。

历史上有关做油的文献不是很多，散落在浩瀚的故纸堆中。长期以来，本人一直没有系统地去挖掘整理，遇到有关的文献记载，或是草草记下，或是看罢即过，凌乱无章。这次写这本书，硬着头皮整理了一遍，其中，机缘巧合，遇到了不少文献线索，寻找起来方便了许多。比如有关南北方油料作物的分布情况，早期曾读到过一些有关的材料，这次重读，更有感触，如韩茂莉的《历史时期油料作物的传播与嬗替》（载《中国农史》），其中观点本人早期既已认同，此番有关阐述依此编写。比较幸运的是，遇到了河南科技学院的宋宇小友，他是郑州大学历史学院王星光教授的博士生。几年前，他参加全国青年科学史论坛，带来的会议论文是根据他的博士论文编写的《宋元明清时期植物油生产加工技术研究》。论文中汇集了不少古代做油的文献资料，虽则他失于没有经历过田野考察的实证实践，对于文献材料的理解出现这样或那样的偏差，但是可以看出，在老师的指点下，他打下了很好的史学功底，文献方面下了相当大的功夫。作为他的点评人，我们充分交换了意见，我还将近年所得的一些考察资料交付与他。宋宇小友的论文提供了不少线索，一些以前遇到但是没有记录下出处的材料很快"按图索骥"得以核实，新的材料线索也丰富了书中有关的文献内容。由是，在这些加持下坚持完成了枯燥的查证工作，才有了上篇的呈现。这要感谢宋宇和他的老师王星光教授。

至于下篇的内容，组织起来倒是从容得很，基本上是这些年的田野考察积累。有几个案例是参与了考察但是其他学者已将成果发表，我从中挑选了较有代表性的案例，编写出来，以求尽可能地全面呈现出当代活态传承或遗存的现状。

总体而言，目前活态传承的传统油脂制作技艺在我国南北方仍有不少分布，南方地区挖掘、整理的状况要好于北方地区，南方以传统的卧式木榨为主，分布广泛，同时西南地区有彝族等民族的立式木榨压榨技艺，仡佬族、苗族、水族、壮族等聚集地的蒸馏法工艺。北方秦晋地区的油梁（油担）压榨技艺比较常见，内蒙古自治区受秦晋影响也有此种技艺；河北、北京等地的磨法，北京山区的水煮法、烘焙法等技艺，是北方传统做油技艺的主流；陕西关中地区压榨菜籽油，油担和卧式木榨的压榨技艺，历史相当悠久，其中卧式木榨与南方的木榨形制相仿，其中源流及分野目前尚不清晰，或心同此理，莫不如是。

植物油脂传统制作技艺的田野调查工作我断断续续历时十余年。其间遇到的淳朴的做油人和他们周边的人，传达出的善意、对传统技艺的执着坚守，给我以震撼，激励我努力前行。藉此，再次感谢善良的人们：

感谢师长周嘉华先生，浙江、山西等地榨油技艺的调查研究使我受益多多；感谢山西非遗保护中心原主任赵中悦、牛主任、孙副主任的大力帮助，本人早期制油技艺的田野工作起步于三晋，乡野萦绕的幽香，让我着迷了十余载；感谢贵州凯里侗族吴新友大哥，石阡县仡佬族汪娅老师、蔡中华，榕江水族陆朝娇，让我洞悉蒸馏法的奥妙；感谢广西民大樊道智、陈凤梅小友，崇左龙州农瑞群、农毅馆长和杨文凤小友，促成了蒸馏法的深入调查研究；感谢丛书主编董杰教授、内蒙古文化产业研究院副院长全小国，陪伴我在呼市、包头、鄂尔多斯、赤峰等地调研，一起在广袤的内蒙古草原上留下奔驰的背影；感谢赤峰呼德艾勒老油坊主人王浩，让我能够数次对锤榨——传统榨油的活化石细细地赏析研究；感谢北京稻香湖非遗科学城刘志强主任，延庆池尚明老师、小崔老师，伴我探查京区水煮法和烘焙法做油技艺……

其实，随着田野调查的深入和拓展，感觉此间文字也仅是我国北方传统油脂制作技艺的局部映像的撷影，尚有许多问题需要去探究。姑且算是此项研究的阶段性阐述，抛砖引玉，愿志同道合者彼此交流，相携同进！

李劲松

2022 年 12 月于北京

天工
巧匠